H. Antoni   T. Meinertz (Hrsg.)

Aspekte der medikamentösen Behandlung von Herzrhythmusstörungen

Mit 41 Abbildungen

Springer-Verlag
Berlin Heidelberg New York
London Paris Tokyo

Prof. Dr. Hermann Antoni
Lehrstuhl I, Physiologisches Institut, Universität Freiburg i. Br.
Hermann-Herder-Straße 7, D-7800 Freiburg i. Br.

Prof. Dr. Thomas Meinertz
Allgemeines Krankenhaus St. Georg, II. Med. Klinik
Lohmühlenstraße 5, D-2000 Hamburg 1

ISBN-13: 978-3-540-50589-1   e-ISBN-13: 978-3-642-93403-2
DOI: 10.1007/978-3-642-93403-2

CIP-Titelaufnahme der Deutschen Bibliothek
Aspekte der medikamentösen Behandlung von Herzrhythmusstörungen / H. Antoni;
T. Meinertz. - Berlin; Heidelberg; New York; London; Paris; Tokyo: Springer, 1989

NE: Antoni, Hermann [Mitverf.]; Meinertz, Thomas [Mitverf.].

2119/3140-543210 – Gedruckt auf säurefreiem Papier

Vorwort

Der vorliegende Bericht faßt Vorträge und Diskussionsergebnisse
einer Arbeitstagung zusammen, die am 9. Juli 1988 in Hannover
stattfand. Ziel der Veranstaltung war es, ohne den Anspruch auf
Vollständigkeit einige wichtige neuere Aspekte der klinischen Bewertung und medikamentösen Behandlung tachykarder Herzrhythmusstörungen zu diskutieren. Beiträge aus der experimentellen Grundlagenforschung und klinikorientierte Referate sorgten
für eine breite Gesprächsbasis. Im Vordergrund der theoretischen
Betrachtungen stand dabei die unterschiedliche Rezeptorbindungskinetik der Klasse-I-Antiarrhythmika, während sich die klinischen Referate vorwiegend mit den Möglichkeiten einer Therapiekontrolle bei Herzrhythmusstörungen befaßten. Eine nützliche
Ergänzung dieser Themen bildeten die Ausführungen zur klinischen Pharmakokinetik der Klasse-I-Antiarrhythmika. Wertvolle
Anregungen ergaben sich ferner aus Vorträgen und Diskussions-
beiträgen zu den Einflüssen verschiedener Antiarrhythmika auf
das signalgemittelte EKG sowie zur Inzidenz von Arrhythmien
bei Herzinsuffizienz.

Die Teilnehmer der Arbeitstagung bewerteten deren Ergebnis
so positiv, daß es angebracht erschien, die wesentlichen Resultate
in komprimierter Form einem größeren Interessentenkreis zu-
gänglich zu machen. Dieses Ziel verfolgt der vorliegende Band.
Es ist unsere Hoffnung, daß die Darstellung etwas von der anre-
genden Gesprächsatmosphäre der Tagung weitervermitteln
kann.

Unser Dank gilt den Autoren sowie dem Hause Giulini, Hannover, dessen Mitarbeiter den organisatorischen Rahmen mit
Umsicht und großem Entgegenkommen schufen. Namentlich
sind hier besonders Herr Dr. Wisotzki und Frau Dr. Daglinger zu
nennen. Nicht zuletzt danken wir dem Springer-Verlag, namentlich Frau Dr. Osthoff, für sachkundige Beratung und verständnis-
volles Entgegenkommen.

Freiburg, im Frühjahr 1989   Hermann Antoni,
Thomas Meinertz

Inhaltsverzeichnis

Mitarbeiterverzeichnis

Antoni, Hermann, Prof. Dr. med.
Lehrstuhl I, Physiologisches Institut, Universität Freiburg i. Br.
Hermann-Herder-Straße 7, D-7800 Freiburg i. Br.

Barthel, Petra, Dr. med.
Technische Universität, Klinikum rechts der Isar
Ismaninger Straße 22, D-8000 München 80

Bussmann, Wulf Dirk, Prof. Dr. med.
Abteilung Kardiologie, Zentrum Innere Medizin
Universitätsklinikum
Theodor Stern Kai 7, D-6000 Frankfurt am Main

Daglinger, Birgit, Dr. med.
Medizinisch-wissenschaftliche Abteilung
Giulini Pharma GmbH
Hans-Böckler-Allee 20, D-3000 Hanover 1

Eickhorn, Roland, Dr. med.
Physiologisches Institut, Universität Freiburg i. Br.
Hermann-Herder-Straße 7, D-7800 Freiburg i. Br.

Goedel-Meinen, Lieselotte, Dr. med.
Technische Universität, Klinikum rechts der Isar
Ismaninger Straße 22, D-8000 München 80

Haverkampf, Klaus, Dr. rer. nat.
Physiologisches Institut, Universität Freiburg i. Br.
Hermann-Herder-Straße 7, D-7800 Freiburg i. Br.

Hofmann, Monika, Dr. med.
Technische Universität, Klinikum rechts der Isar
Ismaninger Straße 22, D-8000 München 80

Hohnloser, Stefan, Priv.-Doz. Dr. med.
Abteilung III: Kardiologie, Medizinische Universitätsklinik
Hugstetter Straße 55, D-7800 Freiburg i. Br.

Just, Hanjörg, Prof. Dr. med.
Abteilung III: Kardiologie, Medizinische Universitätsklinik
Hugstetter Straße 55, D-7800 Freiburg i. Br.

Klein, Helmut, Prof. Dr. med.
Abteilung Kardiologie, Medizinische Hochschule Hannover
Konstanty-Gutschow-Straße 8, D-3000 Hannover

Kochsiek, Kurt, Prof. Dr. med.
Medizinische Universitätsklinik
Josef-Schneider-Straße 2, D-8700 Würzburg

Köhler, Christiane
Medizinische Universitätsklinik
Josef-Schneider-Straße 2, D-8700 Würzburg

Langenfeld, Heiner, Dr. med.
Medizinische Universitätsklinik
Josef-Schneider-Straße 2, D-8700 Würzburg

Lichtlen, Paul R., Prof. Dr. med.
Abteilung Kardiologie, Medizinische Hochschule Hannover
Konstanty-Gutschow-Straße 8, D-3000 Hannover

Meesmann, Malte, Dr. med.
Medizinische Universitätsklinik
Josef-Schneider-Straße 2, D-8700 Würzburg

Maier-Rudolph, Willibald, Dr. med.
Technische Universität, Klinikum rechts der Isar
Ismaninger Straße 22, D-8000 München 80

Meinertz, Thomas, Prof. Dr. med.
Allgemeines Krankenhaus St. Georg, II. Med. Klinik
Lohmühlenstraße 5, D-2000 Hamburg 1

Mikus, Gerd, Dr. med.
Dr. Margarete-Fischer-Bosch-Institut
für klinische Pharmakologie
Auerbachstraße 112, D-7000 Stuttgart 50

Mörike, Klaus, Dr. med.
Dr. Margarete-Fischer-Bosch-Institut
für klinische Pharmakologie
Auerbachstraße 112, D-7000 Stuttgart 50

Schmidt, Georg, Priv. Doz. Dr. med.
Technische Universität, Klinikum rechts der Isar
Ismaninger Straße 22, D-8000 München 80

Szegedi, Janos, Dr. med.
MT. Korhaz I. Belgyogyaszat. Kardiolog. Abteilg.
Vöröshadsereg ut 68, H-4401 Nyiregyhaza

Trappe, Hans-Joachim, Dr. med.
Abteilung Kardiologie, Medizinische Hochschule Hannover
Konstanty-Gutschow-Straße 8, D-3000 Hannover

Ulm, Kurt, Priv. Doz. Dr. med.
Institut für Medizinische Statistik und Epidemiologie
Technische Universität, Klinikum rechts der Isar
Ismaninger Straße 22, D-8000 München 80

Weirich, Jörg, Dr. med.
Physiologisches Institut, Universität Freiburg i. Br.
Hermann-Herder-Straße 7, D-7800 Freiburg i. Br.

Zehender, Manfred, Dr. med.
Abteilung III: Kardiologie, Medizinische Universitätsklinik
Hugstetter Straße 55, D-7800 Freiburg i. Br.

Einführung

Angriffspunkte und Wirkungsmechanismen von Klasse-I-Antiarrhythmika

H. Antoni

Allgemeine elektrophysiologische Aspekte

Die heute gebräuchliche Einteilung der Antiarrhythmika in 4 Wirkungsklassen geht auf einen Vorschlag von Vaughan Williams 1975 zurück (vgl. Tabelle 1). Als Klasse I werden dabei Substanzen zusammengefaßt, die – wie Chinidin, Lidocain oder Ajmalin – den schnellen Na^+-Einwärtsstrom hemmen, und zwar ohne gleichzeitige Verminderung des Ruhepotentials. Erkennbar ist die Wirkung unter anderem an einer Reduktion der maximalen Aufstrichsgeschwindigkeit (V_{max}) der Aktionspotentiale im Vorhof- und Kammermyokard sowie im ventrikulären Erregungsleitungssystem (vgl. Abb. 1). Schon früher hatten Szekeres u. Vaughan Williams (1962) erkannt, daß sich ein solcher Einfluß nicht nur im Sinne einer Verminderung der Leitungsgeschwindigkeit, sondern auch in einer Verlängerung

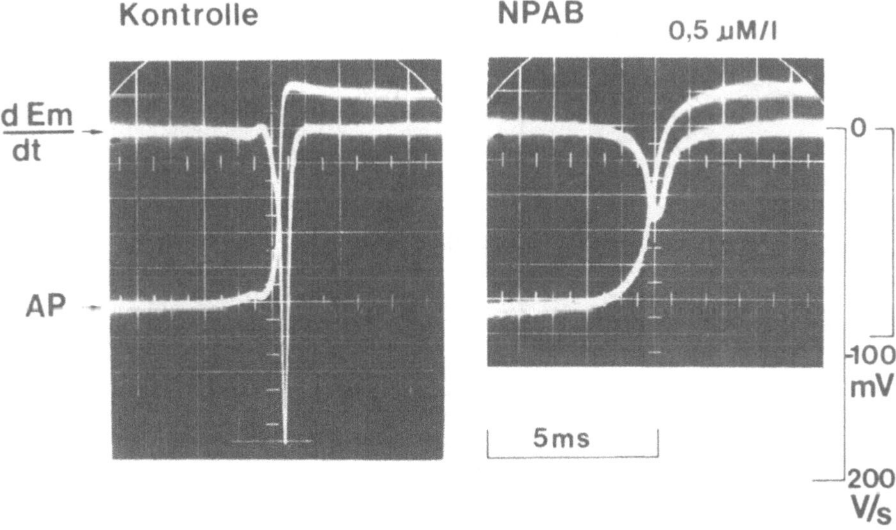

Abb. 1. Einfluß von N-Propylajmalin (*NPAB*) auf die Anstiegsphase des Aktionspotentials (*AP*) vom Vorhofmyokard des Meerschweinchens. Außer dem Aktionspotential ist ausgehend vom Niveau des Nullpotentials noch die Differenzierung des AP-Verlaufs (dEm/dt = V_{max}) dargestellt. Die Auslenkung dieser Kurve nach unten ist ein Maß für die maximale Aufstrichsgeschwindigkeit. Man erkennt, daß NPAB V_{max} beträchtlich reduziert. (Aus Untersuchungen mit Homburger)

Tabelle 1. Klassifizierung der Antiarrhythmika. (Nach Vaughan Williams 1975)

Klasse	Wirkung	Typische Vertreter
I	Hemmung des Na^+-Einstroms	Chinidin, Lidocain, Ajmalin
II	Sympatholyse	β-Rezeptorenblocker
III	Verlängerung der AP-Dauer	Amiodaron, Sotalol
IV	Kalziumantagonismus	Verapamil, Diltiazem

der Refraktärzeit auswirkt. Dieser Zusammenhang ist verständlich, wenn man bedenkt, daß ja die Dauer der Refraktärzeit mit der Erholung der Na^+-Kanäle im Verlauf der Repolarisation eng zusammenhängt. Eine Refraktärzeitverlängerung wirkt der Entstehung und Ausbreitung vorzeitiger bzw. frequenter Erregungen entgegen und macht die antiarrythmische Wirkung der Substanzen verständlich. Ein solcher Effekt ist allerdings insofern unspezifisch, als Rhythmusstörungen beim Menschen sicher nicht auf einer Stimulation des schnellen Na^+-Einwärtsstroms beruhen.

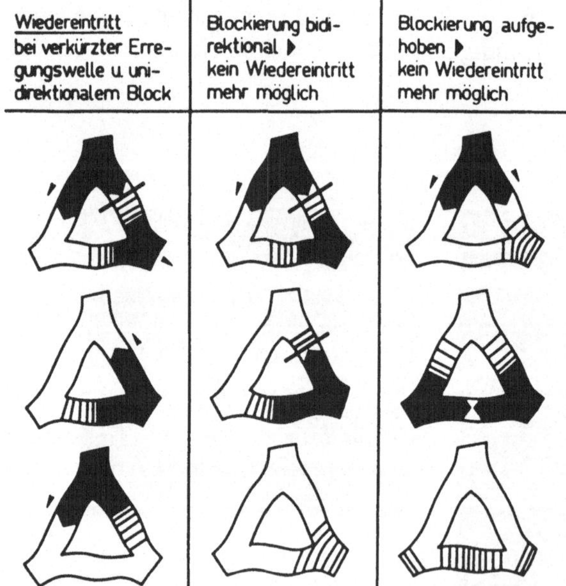

Abb. 2. Wirkungsmechanismen von Antiarrhythmika bei Arrhythmien infolge Wiedereintritts. Die Darstellung basiert auf der Erregungsausbreitung in einer Myokardschleife. *Schwarz* ist die absolut refraktäre Zone der Erregungswelle, *gestrichelt* die relativ refraktäre Zone. Die *linke Spalte* zeigt, wie es bei verkürzter Erregungswelle (Welle kürzer als verfügbare Bahn) und bei vorübergehendem unidirektionalem Block zum Wiederauftritt kommen kann. Die *mittlere Spalte* zeigt, wie durch Verlängerung der Refraktärzeit ein unidirektionaler Block zum bidirektionalen Block wird und dadurch die Entstehung von Wiedereintritt verhindert. In der *rechten Spalte* ist die Verhinderung von Wiedereintritt durch Verkürzung der Refraktärzeit dargestellt. Das schnellere Abklingen des refraktären Zustandes im rechten Schenkel der Schleife läßt keinen unidirektionalen Block mehr entstehen

Schwieriger ist es, einen Zusammenhang zwischen der Verminderung der Leitungsgeschwindigkeit und der antiarrhytmischen Wirkung zu erkennen. Bei Arrhythmien vom Typ des Wiedereintritts würde der Einfluß sogar eher begünstigend wirken, indem er die Länge der Erregungswelle verkürzt, die sich aus dem Produkt von Leitungsgeschwindigkeit und Refraktärzeit errechnet. Dieser Einfluß könnte dadurch ausgeglichen werden, daß die Refraktärzeitverlängerung stärker ausgeprägt ist als die Leitungsgeschwindigkeitsverminderung. Dies ist nach experimentellen Befunden offensichtlich der Fall (Vaughan Williams u. Szekeres 1961). Allerdings spielen bei der Entstehung von Wiedereintrittssarrhythmien außer der Länge der Erregungswelle im Verhältnis zur verfügbaren Wegstrecke auch noch andere Faktoren eine entscheidende Rolle wie z.B. die Entstehung eines unidirektionalen Leitungsblocks. Eine Herabsetzung des Leitungsvermögens kann einen solchen unidirektionalen Block in einen bidirektionalen Block verwandeln und so die Entstehung von Wiedereintritt verhindern (vgl. Abb. 2).

Zur Zeitabhängigkeit der Klasse-I-Wirkung

In der Beurteilung des Wirkungsmechanismus von Klasse-I-Antiarrhythmika bedeutete der Nachweis einer unterschiedlichen Zeit- und Potentialabhängigkeit der Effekte innerhalb dieser Substanzgruppe einen wesentlichen Fortschritt (Johnson u. McKinnon 1957; Heistracher 1971; Tritthart et al. 1971). Die Zeitabhängigkeit kommt u. a. darin zum Ausdruck, daß die Reduktion von V_{max} in einem erregungsfreien Intervall mehr oder weniger schnell abklingt. Am unbehandelten Myokard erholen sich die Na^+-Kanäle im Anschluß an die Repolari-

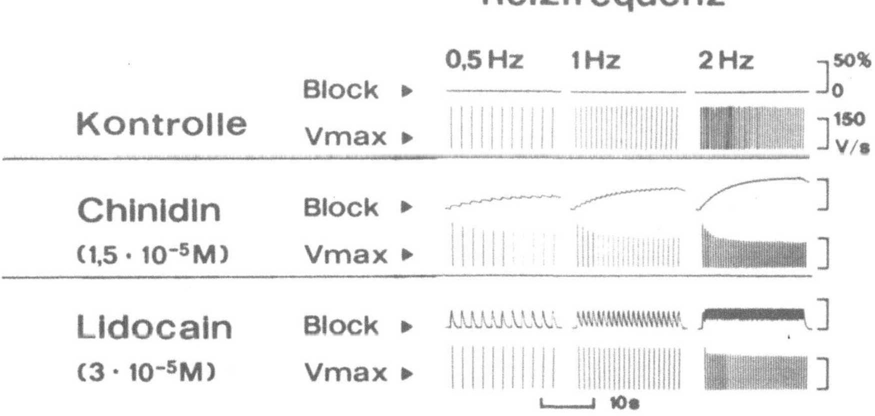

Abb. 3. Schema zur Erläuterung der unterschiedlichen zeitabhängigen Wirkung von Chinidin bzw. Lidocain auf den Na^+-Einwärtsstrom. Dargestellt ist jeweils in Abhängigkeit von der Frequenz die Na^+-Kanalblockierung in % und die Auswirkung auf V_{max}. Bei Lidocain kommt es wegen der schnell abklingenden Wirkung erst bei höheren Frequenzen zu einer nennenswerten Blockierung und Reduktion von V_{max}. (Nach Hondeghem u. Katzung 1980)

sation des Aktionspotentials sehr rasch, d. h. mit einer Zeitkonstanten von ca. 20 ms. Unter Lidocaineinfluß verlängert sich z. B. die Zeitkonstante der Erholung auf ca. 200 ms. Dies bedeutet, daß bei einer Intervalldauer etwa vom 4fachen dieser Zeit (d. h. bei einer Erregungsfrequenz von ca. 1 Hz) kein Hemmeffekt auf den Na^+-Einwärtsstrom mehr nachweisbar ist. Erst bei kürzeren Intervallen zwischen den Aktionspotentialen macht sich die Na^+-Einstromhemmung bemerkbar und dies dann um so mehr, je rascher die Erregungen aufeinander folgen (vgl. Abb. 3). Die Na^+-Kanäle werden also durch Lidocain offenbar jeweils nach dem Maß ihrer Beanspruchung blockiert. Dies hat zu dem anschaulichen Begriff des „use-dependent block" („phasic block") geführt (Courtney 1975). Ähnlich wie Lidocain wirken Phenytoin, Tocainid, Mexiletin u. a. (Honerjäger 1983).

Eine wesentlich längere Zeitkonstante der Rückbildung in der Größenordnung von 10–15 s findet sich bei dem klassischen Antiarrhytmikum Chinidin. Dies bedeutet, daß nach Erregungspausen von dieser Dauer immer noch eine Na^+-Einstromhemmung durch Chinidin von ca. 30% nachweisbar ist. Bei der vorher genannten Frequenz von 1 Hz kann man demnach eine fast gleichbleibende Reduktion von V_{max} erwarten, die bei weiterem Frequenzanstieg nur noch wenig zunimmt (Abb. 3). Ähnlich wie Chinidin wirken Procainamid und Disopyramid. Ein noch langsameres Abklingen der Wirkung findet sich bei Flecainid, Ajmalin und Prajmalin (vgl. Honerjäger 1983). Ob es bei den gebräuchlichen Antiarrhythmika in therapeutischer Dosierung und bei normalem Ruhepotential überhaupt einen ausgeprägten „rested" oder „tonic block" gibt, erscheint fraglich.

Bei den schnell deblockierenden Substanzen wie dem Lidocain wird man nach den vorausgegangenen Überlegungen im normalen Frequenzbereich auch keine EKG-Veränderungen erwarten, die auf eine verminderte Leitungsgeschwindigkeit hindeuten – also keine QRS-Verbreitung und keine Verlängerung der HV-Zeit im His-Bündelelektrogramm. Bei den langsam deblockierenden Substanzen ist dagegen sehr wohl mit solchen Effekten zu rechnen (vgl. Tabelle 2).

Tabelle 2. Untergruppen der Klasse-I-Antiarrhythmika

Gruppe	Frequenzabhängig-keit der Na^+-Einstromhemmung	Aktions-potential-dauer	EKG-Effekte	Typische Vertreter
I a	Mäßig	Verlängert	PQ, QRS und OT verlängert	Chinidin, Procainamid, Disopyramid
I b	Stark	Verkürzt	QT verkürzt	Lidocain, Tocainid, Mexiletin
I c	Gering	—	PQ und QRS verlängert	Ajmalin, Prajmalium, Flecainid, Encainid, Propafenon

Zur Potentialabhängigkeit der Klasse-I-Wirkung

Was die Potentialabhängigkeit der Klasse-I-Wirkung betrifft, so wurden die ersten entscheidenden Beobachtungen schon vor über 30 Jahren gemacht. Weidmann 1955 konnte zeigen, daß die Steady-state-Inaktivation des Na^+-Einwärtsstroms (die sog. h_∞-Kurve des Hodgkin-Huxley-Modells) durch Lokalanästhetika zu negativeren Potentialen verschoben wird und daß Hyperpolarisation eine antagonistische Wirkung besitzt. Umgekehrt verstärkt Depolarisation die Hemmeffekte der Klasse-I-Antiarrhythmika beträchtlich. Dazu einige Zahlen (vgl. Hondeghem u. Katzung 1977):

Bei einem Ruhepotential von -110 mV besitzt Lidocain bei einer Frequenz von 3,3 Hz keinen Einfluß auf V_{max}. Beim Ruhepotential von -85 mV beträgt die Reduktion von V_{max} unter sonst gleichen Bedingungen dagegen ca. 50% (vgl. Abb. 4). Bei Depolarisation auf -70 mV kann das Präparat einer Reizfrequenz von 3,3 Hz nicht mehr folgen, weil die Impulse dann in die absolute Refraktärzeit fallen. Unter dem Einfluß von Chinidin beträgt bei sonst gleichen Bedingungen die V_{max}-Reduktion bei einem hohen Ruhepotential von -100 mV schon ca. 30% (vgl. Abb. 4), und eine gänzliche Unterdrückung der Wirkung wäre erst bei Hyperpolarisation auf über -140 mV zu erreichen (Hondeghem u. Katzung 1977).

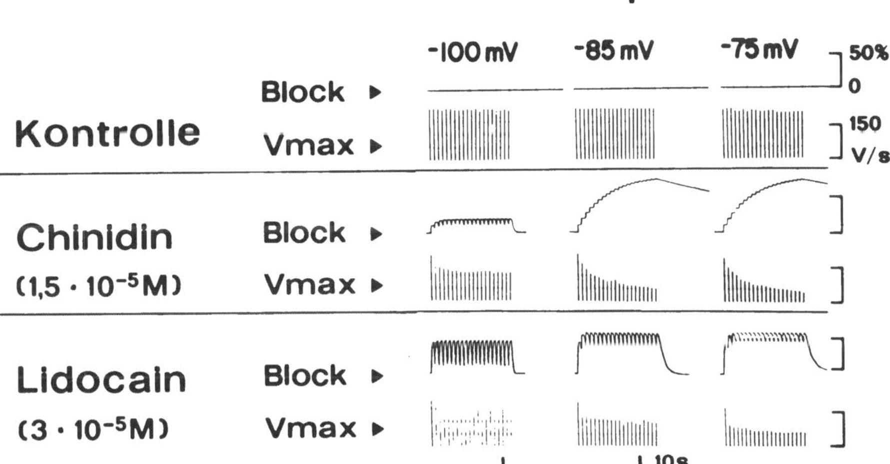

Abb. 4. Schema wie in Abb. 3 zur Erläuterung der unterschiedlichen Potentialabhängigkeit der Wirkung von Chinidin bzw. Lidocain auf den Na^+-Einwärtsstrom. Die Reizfrequenz beträgt einheitlich 3,3 Hz. (Nach Hondeghem u. Katzung 1980)

Modelle der zeit- und potentialabhängigen Klasse-I-Wirkung

Die beschriebenen Fakten legen es nahe, nach allgemeinen Prinzipien zu suchen, um die vielfältigen zeit- und potentialabhängigen Effekte möglichst aus einem Ansatz zu erklären. Eine Hypothese, die diesem Anliegen in hohem Maße entspricht, wurde etwa gleichzeitig und unabhängig von Hondeghem u. Katzung 1977 und von Hille 1977 vorgeschlagen. Sie wird als „Modulated-receptor"-Hypothese bezeichnet. Ihr Ausgangspunkt ist das Hodgkin-Huxley-Modell, das für den Na^+-Kanal 3 Zustände vorsieht: ruhend, aktiv und inaktiv, wobei ein Übergang von dem inaktiven in den aktiven Zustand vorwiegend über den desinaktivierten Ruhezustand erfolgt (vgl. Abb. 5). Kernstück der Hypothese ist die Vorstellung, daß die Affinität zwischen dem Agens und dem Rezeptor vom jeweiligen Kanalzustand abhängt und daß die Bindung des Agens an den Rezeptor den Na^+-Kanal in einen nichtleitenden Zustand versetzt. Der potential- und zeitabhängige Übergang von einem Kanalzustand in den anderen wird dabei in der Weise verändert, als ob das Membranpotential zu positivieren Werten verschoben – also depolarisiert wäre. Die verschiedenen Klasse-I-Antiarrhythmika unterscheiden sich dabei in ihren Rezeptoraffinitäten bei den einzelnen Kanalzuständen sowie im Ausmaß der Potentialverschiebung.

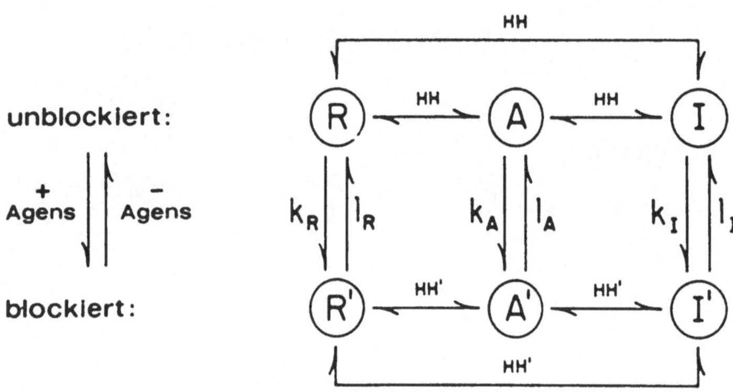

Abb. 5. Diagramm zur Darstellung des Wirkungsmechanismus von Klasse-I-Antiarrhythmika nach der „Modulated-receptor"-Hypothese. R, A, I = ruhende, aktivierte und inaktivierte Rezeptorfraktion. R', A', I' = entsprechende Zustände bei Bindung des Agens an den Rezeptor. HH bzw. HH' = Ratenkonstanten entsprechend dem Hodgkin-Huxley-Modell. k und l sind die jeweiligen Ratenkonstanten der Bindung des Agens an den Rezeptor ($ms^{-1} M^{-1}$) bzw. der Ablösung vom Rezeptor (ms^{-1}). (Nach Hondeghem u. Katzung 1980)

Chinidin beispielsweise bindet praktisch nur an den Rezeptor, wenn der Na^+-Kanal aktiviert – also offen ist (Colatsky 1982). Seine Wirkung nimmt dementsprechend mit der Erregungsfrequenz zu, zeigt aber wenig Abhängigkeit von der Aktionspotentialdauer, die ja auch festlegt, für wie lange die Na^+-Kanäle im inaktiven Zustand verharren. Chinidin wirkt dementsprechend gleich stark sowohl am Vorhofmyokard mit seinen kurzen Aktionspotentialen als auch am ventrikulären Erregungsleitungssystem mit seiner besonders langen Erregungsdauer.

Lidocain dagegen besitzt etwa gleiche Affinität zum Rezeptor im aktiven und inaktiven Kanalzustand (Bean et al. 1983). Es hat dementsprechend einen bevorzugten Einfluß auf das Ventrikelmyokard und besonders auf die Purinje Fasern mit ihrer langen Aktionspotentialdauer. Im Gewebe, das durch eine Schädigung depolarisiert ist, bleibt ein Teil der Na^+-Kanäle dauernd im inaktivierten Zustand. Infolgedessen vermag Lidocain hier eine stärkere Wirkung zu entfalten als im ungeschädigten Gewebe mit hohem Ruhepotential.

Beim Amiodaron überwiegt die Rezeptoraffinität für den inaktivierten Kanalzustand. Dies gilt nach Ergebnissen am Nerven auch für Ajmalin, wogegen N-Propylajmalin als quarternäres Amin ähnlich wie Chinidin bevorzugt an den offenen Na^+-Kanal bindet (Mason et al. 1983; Khodorov u. Zaborovskaya 1983).

Die „Modulated-receptor"-Hypothese eignet sich sehr gut zur rein formalen Darstellung von Zusammenhängen. Sie macht jedoch keine Aussage über die tatsächlichen Mechanismen der unterschiedlichen Affinitäten bzw. Potentialverschiebungen. Starmer et al. 1984 haben deshalb eine andere Hypothese vorgeschlagen, die sie als „Guarded-receptor"-Hypothese bezeichnen. Hierbei wird angenommen, daß die Rezeptoraffinität für die Klasse-I-Antiarrhythmika konstant bleibt, während der Zugang zum Rezeptor von den Aktivations- und Inaktivationstoren kontrolliert wird. Weirich, von unserer Freiburger Arbeitsgruppe, hat eine ähnliche Hypothese rechnerisch und experimentell ausgearbeitet (vgl. Beitrag Weirich).

Untergruppen der Klasse-I-Antiarrhythmika

Unabhängig von den besprochenen Hypothesen hat sich im Laufe der letzten Jahre eine Unterteilung der Klasse-I-Antiarrhythmika durchgesetzt, die neben dem hemmenden Einfluß auf die Anstiegsphase des Aktionspontentials noch zusätzliche Effekte z.B. auf die Aktionspotentialdauer berücksichtigt (Vaughan Williams 1984). Substanzen wie Chinidin, Procainamid, Disopyramid u.a., die gleichzeitig die Aktionspotentialdauer verlängern, wurden dabei der Gruppe I a zugeordnet. Lidocain, Mexiletin, Tocainid u.a. haben eine Tendenz zur Aktionspotentialverkürzung und werden als I b-Gruppe zusammengefaßt. Ajmalin, Prajmalin, Flecainid, Encainid, Lorcainid u.a. besitzen wenig Einfluß auf die Aktionspotentialdauer und bilden die Gruppe I c (vgl. Tabelle 2).

Ordnet man diese Untergruppen in der Reihenfolge I b, I a, I c, so kommt darin überraschend gut die Kinetik der Na^+-Kanalbeeinflussung zum Ausdruck von den schnell deblockierenden zu den sehr langsam deblockierenden (Weirich

1988, 1989). Damit wird auch verständlich, daß Antiarrhythmika der Untergruppe I a im EKG das QT-Intervall und die QRS-Dauer verlängern, während die Gruppe I b das QT-Intervall eher verkürzt und QRS praktisch nicht beeinflußt. Wie Abb. 2 zeigt, kann u. U. auch eine Refraktärzeitverkürzung antiarrhythmisch wirken, wenn dadurch z. B. die Ausbildung eines unidirektionalen Blocks als Voraussetzung der Entstehung von Wiedereintritt verhindert wird.

Es liegt nahe, nach einer gemeinsamen Ursache für die Beeinflussung der Na^+-Kanäle durch die Klasse-I-Antiarrhythmika und die Veränderung der Aktionspotentialdauer zu suchen. Wenn man berücksichtigt, daß die Na^+-Kanäle an der Ausbildung des Aktionspotentialplateaus beteiligt sind (Carmeliet 1987) und daß die intrazelluläre Na^+-Konzentration den Na^+/K^+-Pumpstrom beeinflußt, außerdem am Na^+/Ca^{++}- und am Na^+/H^+-Austausch beteiligt ist und dazu noch eine bestimmte Population von K^+-Kanälen beeinflußt (Carmeliet et al. 1987; Noble 1986), dann ist ein solcher Zusammenhang nicht sehr fernliegend.

Die negativ inotrope Wirkung der meisten Klasse-I-Antiarrhythmika hängt am ehesten mit einer Senkung des zytosolischen Ca^{++} über den Na^+/Ca^{++}-Austauscher zusammen als Folge einer Versteilung des Na^+-Gradienten durch den verminderten Na^+-Einwärtsstrom. Als Ursache der negativ chronotropen Wirkung wird neuerdings eine Hemmung eines hauptsächlich von Na^+ getragenen Schrittmacherstroms (i_f) diskutiert (Carmeliet u. Saikawa 1982). Lidocain sowie Chinidin reduzieren diesen Strom am Purkinje-Faden, ohne jedoch seine Zeit- und Potentialabhängigkeit zu verändern. Procainamid besitzt diese Wirkung nicht. Seine negativ chronotrope Wirkung kommt wohl hauptsächlich über die Anhebung der Schwelle für den schnellen Na^+-Strom zustande. Ektopische Automatiezentren werden nur dann durch Klasse-I-Antiarrhythmika gehemmt, wenn entweder der Schrittmacherstrom oder der schnelle Na^+-Strom beteiligt sind. Schrittmacher auf niedrigem Potentialniveau, bei denen dies nicht der Fall ist, sprechen dagegen nicht oder nur wenig auf Klasse-I-Antiarrhythmika an.

Untersuchungsergebnisse an einzelnen Na^+-Kanälen

Bis vor wenigen Jahren war es technisch fast unmöglich, den schnellen Na^+-Strom an der Herzmuskulatur direkt zu messen. Als indirektes Maß für diesen Strom wurde deshalb die maximale Aufstrichsgeschwindigkeit der Aktionspotentiale verwendet, die jedoch keine lineare Beziehung zur Größe des Na^+-Stroms aufweist (vgl. Sheets et al. 1988). Mit der Verbesserung der enzymatischen Zellisolierungstechniken und mit der Entwicklung der sog. „Patchclamp"-Technik (Menbranfleckklemme) wurde dann die Möglichkeit gegeben, das Öffnen und Schließen einzelner Ionenkanäle direkt zu erfassen (Hamill et al. 1981) (vgl. Abb. 6). Allerdings zeigt das zeitliche Verhalten beim Öffnen und Schließen von Kanälen ein und derselben Art beträchtliche Schwankungen, sowohl was die Dauer der Kanalöffnung als auch den Öffnungszeitpunkt betrifft. Das Verhalten des Gesamtstroms kann daher immer erst aus der Summierung vieler Einzelkanalregistrierungen abgeleitet werden (Abb. 6). Zur Beschreibung der Einzelkanalkinetik bedarf es daher einer statistischen Analyse, deren Ergeb-

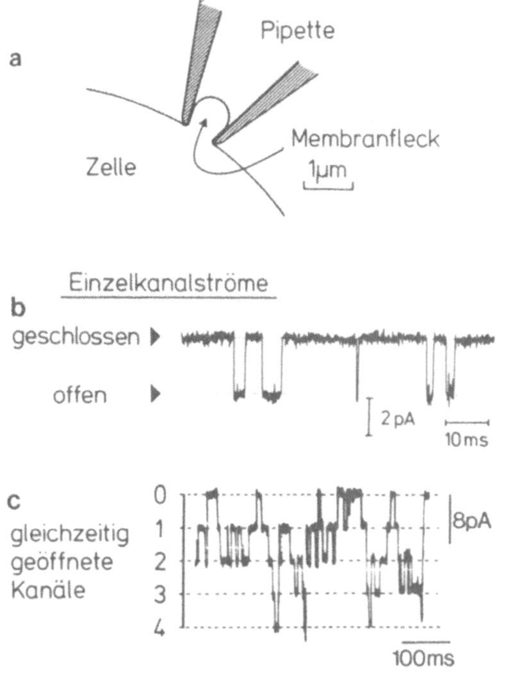

Abb. 6. a Methoden zur Registrierung von Einzelkanalströmen mit Hilfe einer auf die Zelloberfläche aufgesetzten Glaspipette. **b** Registrierbeispiel für das Öffnen und Schließen eines Einzelkanals. **c** Registrierbeispiel für das abwechselnde Öffnen und Schließen von mindestens 4 Einzelkanälen im untersuchten Membranfleck. (Nach Hamill et al. 1981). **d** Schema für die Auswertung der Öffnungskinetik von 5 spannungsabhängigen Einzelkanälen nach einem Potentialsprung zum Zeitpunkt 0. Aus der Summierung der Einzelkanäle ergibt sich ein exponentiell abklingender Gesamtstrom. (Nach Colquhoun u. Hawkes 1983)

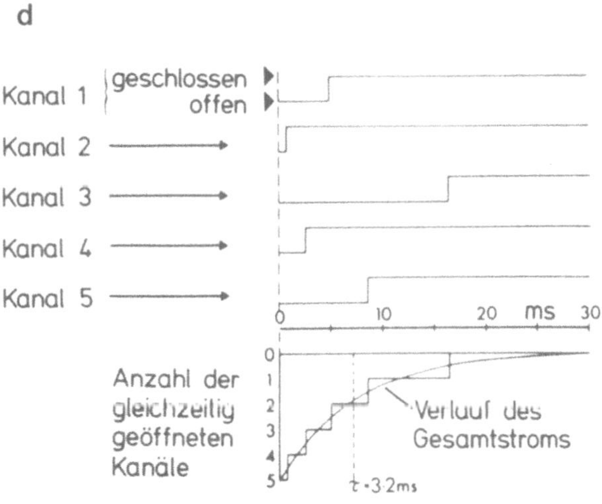

nisse in Begriffen wie Öffnungswahrscheinlichkeit bzw. in Darstellung wie Offenzeit- oder Geschlossenzeithistogrammen ausgedrückt werden (Colquhoun u. Hawkes 1983). Für den schnellen Na^+-Kanal wurde im physiologischen Potentialbereich ein Einzelkanalstrom von 1–2 pA ($= 10^{-12}$ A) entsprechend einer Einzelkanalleitfähigkeit von 15 pS registriert. Die mittlere Öffnungsdauer liegt bei 0,7 ms (Kunze et al. 1985; Cachelin et al. 1983). Nimmt man eine mittlere Kanaldichte von $10/\mu m^2$ an, dann müßten ca. 600 Na^+-Ionen je Kanal passieren, um das Membranpotential auf der Fläche von 10^{-6} mm^2 um ca. 100 mV zu verschieben, was etwa dem Aktionspotentialaufstrich entspricht.

Bei dem Na$^+$-Kanal selbst handelt es sich um ein Makromolekül (Glykoprotein) in Form einer wassergefüllten Pore, das in die isolierende Lipidschicht der Membran eingebaut ist. Das Na$^+$-Kanalmolekül hat ein Molekulargewicht von ca. 200000 und besteht aus ca. 2000 Aminosäuren (Noda et al. 1984). Eine Reihe von Befunden sprechen dafür, daß der Rezeptor für die Klasse-I-Antiarrhythmika im Kanal zwischen dem Selekivitätsfilter (außen) und den spannungsabhängigen Toren (innen) liegt (Schwarz et al. 1977). Erste Befunde mit den Klasse-I-Antiarrhythmika Amiodaron und Propafenon lassen vermuten, daß die Hauptwirkung dieser Substanzen in einer Reduktion der Offenwahrscheinlichkeit besteht, wogegen sich die mittlere Offenzeit nicht ändert (Kohlhardt u. Fichtner 1988). Inwieweit dieser Mechanismus auch für andere Klasse-I-Antiarrhythmika zutrifft, ist bisher noch nicht entschieden. Jedenfalls kann auf der Grundlage solcher Untersuchungen noch eine weitergehende Differenzierung der Klasse-I-Antiarrhythimka erfolgen.

Zusammenfassung

Antiarrhythmika werden nach Vaughan Williams (1975) in 4 Wirkungsklassen eingeteilt. Die Klasse-I-Antiarrhythmika (Chinidin, Lidocain, Ajmalin, Procainamid u.a.) haben gemeinsam, daß sie den schnellen Na$^+$-Einwärtsstrom hemmen, der im Arbeitsmyokard und im ventrikulären Erregungsleitungssystem für den Aktionspotentialaufstrich verantwortlich ist. Daraus resultieren eine Verlängerung der Refraktärzeit und eine Reduktion der Leitungsgeschwindigkeit bzw. des Leitungsvermögens. Eine Refraktärzeitverlängerung wirkt jeder Art von frequenter Aktivität entgegen. Beide Einflüsse können die Entstehung von Wiedereintritt (Re-entry) verhindern. Die Verminderung der Leitungsgeschwindigkeit kann auch proarrhythmisch wirken.

Klasse-I-Antiarrhythmika haben einen unterschiedlichen Zeitverlauf ihrer Effekte. Praktische Bedeutung besitzt dabei v.a. das Abklingen der Wirkung in einer Erregungspause (Deblockierung). Die Lidocainwirkung klingt z.B. nach einer Erregung innerhalb von 1 s vollständig ab. Lidocain hemmt deshalb vorwiegend solche Erregungen, die schnell auf eine vorausgehende Erregung folgen. Die Chinidinwirkung verschwindet in einer Erregungspause erst innerhalb von 1 min vollständig. Hier dauert die Wirkung bei normaler Frequenz deshalb an. Steigt die Wirkung bei höherer Frequenz an, spricht man vom „use-dependent block" („phasic block", Gegenteil „rested block" oder „tonic block").

Mit verschiedenen Hypothesen wurde versucht, die Zeit- und Potentialabhängigkeit der Klasse-I-Antiarrhythmika zu erklären. Am bekanntesten ist die „Modulated-receptor"-Hypothese von Hondeghem u. Katzung (1977). Sie geht davon aus, daß es 3 Zustände des Na$^+$-Kanals gibt: ruhend, aktiv und inaktiv und postuliert, daß die Affinität eines Agens zum Rezeptor vom jeweiligen Kanalzustand abhängt und daß bei Bindung an den Rezeptor der Kanal vollständig blockiert wird. Aus der Annahme, daß Chinidin bevorzugt an aktivierte (offene) Na$^+$-Kanäle bindet, und aus einer Quantifizierung dieser Affinität lassen sich die zeit- und potentialabhängigen Chinidineffekte auf den Na^+-Einwärtsstrom gut erklären. Das gleiche gilt für Lidocain, das sowohl an aktivierte als auch an inaktivierte Na^+-Kanäle bindet. Daraus folgt, daß die Lidocainwirkung auch von der Aktionspotentialdauer abhängt, weil bei längeren Aktionspotentialen die Na^+-Kanäle länger inaktiviert sind.

Eine Modifikation der „Modulated-receptor"-Hypothese wurde von Starmer et al. 1984 entwickelt („Guarded-receptor"-Hypothese). Dabei wird angenommen, daß die Affinität des Agens zum Rezeptor konstant ist und der Zugang des Agens zum Rezeptor durch das Öffnen und Schließen des Kanals kontrolliert wird.

Für praktische Zwecke wurde vor einigen Jahren eine Unterteilung der Klasse-I-Antiarrhythmika vorgeschlagen, die besonders auch zusätzliche Effekte auf die Aktionspotentialdauer berücksichtigt:

Klasse I a – zusätzliche Verlängerung der Aktionspotentiale
Klasse I b – zusätzliche Verkürzung der Aktionspotentiale
Klasse I c – kein Effekt auf die Aktionspotentialdauer

Bei Anordnung dieser Einteilung in der Reihenfolge: Ib, Ia, Ic entspricht dies der Reihenfolge: schnell deblockierend, mittelschnell und langsam deblockierend. Möglicherweise lassen sich die Einflüsse auf die Aktionspotentialdauer auch aus der Na^+-Kanalbeeinflussung erklären (vgl. Weirich 1988).

Die negativ inotrope Wirkung der meisten Klasse-I-Antiarrhythmika erklärt sich aus einer Reduktion des zytosolischen Ca^{++} über den Na^+/Ca^{++}-Austausch als Folge des steileren Na^+-Gradienten (Hemmung des Na^+-Einstroms reduziert Na^+i). Die Hemmung der Schrittmacherautomatie in Purkinje-Faser kommt wahrscheinlich durch eine direkte Hemmung des Na^+-getragenen Schrittmacherstroms zustande.

In neuester Zeit ist es möglich geworden, das Öffnen und Schließen einzelner Na^+-Kanäle direkt zu registrieren („Patch-clamp"-Technik = Membranfleckklemme). Erste Untersuchungen mit Klasse-I-Antiarrhythmika lassen vermuten, daß diese die Öffnungswahrscheinlichkeit der Na^+-Kanäle bei Depolarisation reduzieren, ohne die mittlere Offenzeit zu verändern. Inwieweit auch andere Mechanismen existieren, bedarf weiterer Klärung.

Literatur

Bean BP, Cohen CJ, Tsien RW (1983) Lidocaine block of cardiac sodium channels. J Gen Physiol 81:613–642
Cachelin AB, DePeyer JE, Kokubun S, Reuter H (1983) Sodium channels in cultured cardiac cells. J Physiol (Lond) 340:389–401
Carmeliet E (1987) Slow inactivation of the sodium current in rabbit cardiac Purkinje fibres. Pflügers Arch 408:18–26
Carmeliet E, Saikawa T (1982) Shortening of the action potential and reduction of pacemaker activity by lidocaine quinidine and procainamide in sheep cardiac Purkinje fibres. An effect on Na or K currents? Circ Res 50:257–272
Carmeliet E, Biermans G, Callewaert G, Vereecke J (1987) Potassium currents in cardiac cells. Experientia 43:1175–1184
Colatsky TJ (1982) Chinidine block of cardiac sodium channels is rate- and voltage-dependent. Biophys J 37:343a

Colquhoun D, Hawkes AG (1983) The principles of the stochastic interpretation of ion-channel mechanism. In: Sackman B, Neher E (eds) Single channel recording. Plenum, New York, pp 135–175

Courtney KR (1975) Mechanism of frequency-dependent inhibition of sodium currents in frog myelinated nerve by the lidocaine derivative GEA 968. J Pharmacol Exp Ther 195:225–236

Hamill OP, Marty A, Neher E, Sackmann B, Sigworth FJ (1981) Improved patch-clamp techniques for high-resolution current recording from cells and cell-free membrane patches. Pflügers Arch. 391:85–100

Heistracher P (1971) Mechanism of action of antifibrillatory drugs. Naunyn Schmiedebergs Arch Pharmacol 269:199–212

Hille B (1977) Local anaesthetics: hydrophilic and hydrophobic pathways for the drug-receptor reaction. J Gen Physiol 69:497–515

Hondeghem L, Katzung BG (1977) Time- and voltage-dependent interaction of antiarrhythmic drugs with cardiac sodium channels. Biochim Biophys Acta 472:373–398

Hondeghem L, Katzung BG (1980) Test of a model of antiarrhythmic drug action. Effects of quinidine and lidocaine on myocardial conduction. Circulation 61:1217–1224

Honerjäger P (1983) Antiarrhythmika. In: Estler CJ (Hrsg) Lehrbuch der allgemeinen und systematischen Pharmakologie und Toxikologie. Schattauer, Stuttgart New York, S 230–249

Johnson EA, McKinnon MG (1957) The differential effect of quinidine and pyrilamine on the myocardial action potential at various rates of stimulation. J Pharmacol Exp Ther 120:460–468

Khodorov BI, Zaborovskaya LD (1983) Blockade of sodium and potassium channels in the node of Ranvier by ajmaline and N-propyl ajmaline. Gen Physiol Biophys 2:233–268

Kohlhardt M, Fichtner H (1988) Block of single cardiac Na channels by antiarrhythmic drugs: the effect of amiodarone, propafenone and diprafenone. J Membrane Biol 102:105–119

Kunze DL, Lacerda AE, Wilson DL, Brown AM (1985) Cardiac Na currents and the inactivating, reopening and waiting properties of single cardiac Na channels. J Gen Physiol 86:691–719

Mason JW, Hondeghem LM, Katzung BG (1983) Amiodarone blocks inactivated cardiac sodium channels Pflügers Arch 396:79–81

Noble D (1986) Ionic mechanism controlling the action potential duration and the timning of repolarization. Jpn Heart J 27:13–19 (Supplement)

Noda M, Shimizu S, Tanabe T, Takai T, Kayano T, Ikeda T, Takahashi H et al. (1984) Primary structure of electrophorus electricus sodium channel deduced from cDNA sequence. Nature 312:121–127

Schwarz W, Palade PT, Hille B (1977) Local anesthetics: Effects of pH on use-dependent block of sodium channels in frog muscle. Biophys J 20:343–368

Sheets MF, Hanck DA, Fozzard HA (1988) Nonlinear relation between V_{max} and I_{Na} in canine cardiac Purkinje cells. Circ Res 63:386–398

Starmer CF, Grant AO, Strauss HC (1984) Mechanisms of usedependent block of sodium channels in excitable membranes by local anesthetics. Biophys J 46:15–27

Szekeres L, Vaughan Williams EM (1962) Antifibrillatory action. J Physiol 160:470–482

Tritthart H, Fleckenstein B, Fleckenstein A (1971) Some fundamental actions of antiarrhythmic drugs on the excitability and contractility of single myocardial fibres. Naunyn Schmiedebergs Arch Pharmacol 269:212–219

Vaughan Williams EM (1975) Classification of antidysrhythmic drugs. Pharmacol Ther (B) 1:115–138

Vaughan Williams EM (1984) Subgroups of class 1 antiarrhythmic drugs. Eur Heart J 5:96–98

Vaughan Williams EM, Szekeres L (1961) A comparison of tests for antifibrillatory action. Br J Pharmacol 17:424–432

Weidmann S (1955) Effects of calcium ions and local anaesthetics on electrical properties of Purkinje fibres. J Physiol 129:568–582

Weirich J (1988) Quantitative Beschreibung der „usedependence" von Klasse I-Antiarrhythmika. In: Lüderitz B, Antoni H (Hrsg) Perspektiven der Arrhythmiebehandlung. Springer, Berlin Heidelberg New York Tokyo, S 17–23

Rezeptorbindungskinetik und
Wirkungsmechanismen der
Klasse-I-Antiarrhythmika

Quantitative Analyse der frequenzabhängigen Wirkung von Klasse-I-Antiarrhythmika – Stellung von Prajmalin

J. Weirich

Einleitung

Antiarrhythmisch wirksame Substanzen der Klasse I nach der Einteilung von Vaughan Williams (1970) bewirken eine Reduktion der maximalen Aufstrichsgeschwindigkeit ($\dot{V}_{max}$) des myokardialen Aktionspotentials. Diese Wirkung ist typischerweise frequenzabhängig, indem bei höheren Frequenzen eine stärkere Reduktion von $\dot{V}_{max}$ zu beobachten ist (Heistracher 1971). Eine Erklärung für diese „use-" oder „frequency-dependence" findet sich in den mehr oder minder komplexen Hypothesen von Hondeghem u. Katzung (1980) („Modulated-receptor"-Hypothese) und von Starmer et al. (1984) („Guarded-receptor"-Hypothese). Im folgenden wird am Beispiel der Klasse-I-Substanz Prajmalin gezeigt, daß die „use-" oder „frequency-dependence" unter frequenter Auslösung von Aktionspotentialen auch auf der Grundlage eines stark vereinfachten Modells quantitativ beschrieben und somit analysiert werden kann (Weirich u. Antoni 1986; Weirich 1988).

Methode (Modell) zur quantitativen Analayse der „use-dependence"

Durch die Anlagerung von Klasse-I-Substanzen an Rezeptoren, die im Inneren der Natriumkanäle des Myokards lokalisiert sind, kommt es zur Blockierung dieser Kanäle (Hille 1977). Dies führt zu einer Verminderung des schnellen Natriumeinstroms und somit zur Reduktion von $\dot{V}_{max}$ des Aktionspotentials (AP). Im folgenden sind deshalb Blockade der Natriumkanäle und $\dot{V}_{max}$-Reduktion als synonyme Begriffe zu verstehen.

Unter Ruhebedingungen ist bei klinischer Dosierung der Klasse-I-Substanzen keine Blockade („resting-block" ($b_{r\infty} = 0$) zu erwarten, da in diesem Zustand die Kanalrezeptoren nur eine geringe Affinität zu Klasse-I-Substanzen besitzen (Abb. 1a). Eine nennenswerte Bindung an die Kanalrezeptoren erfolgt jedoch während eines AP, wobei der Steady-state Block, $b_{d\infty}$, exponentiell mit der Zeitkonstanten, τ_{on} [s], angestrebt wird. Dieser apparente Shift im K_D-Wert bzw. diese Zunahme in der Affinität der Rezeptoren ist durch die Aktivierung bzw. Inaktivierung („use") der Natriumkanäle während des AP hervorgerufen. Im diastolischen Intervall (t_r) erfolgt aufgrund der sehr niederen Rezeptoraffinität die Dissoziation der Substanzen und somit eine Erholung vom Block mit der Zeitkonstanten, τ_{rec} [s]. Mit zunehmender (frequenzabhängiger) Verkürzung des diastolischen Intervalls bleibt diese Erholung unvollständig, was eine Akkummula-

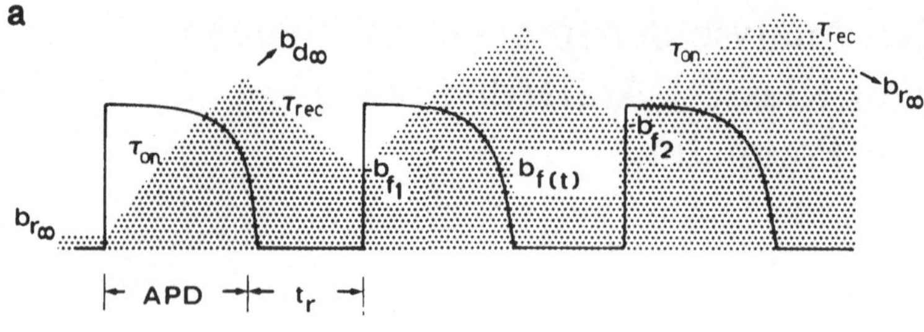

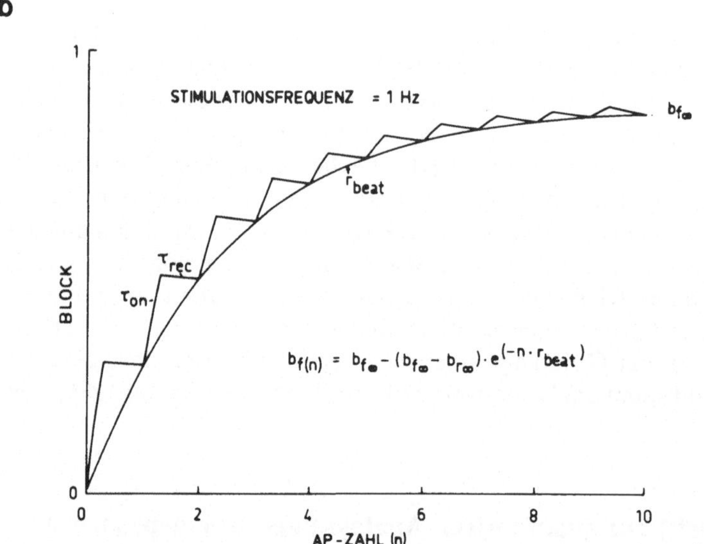

$$b_{f(n)} = b_{f_\infty} - (b_{f_\infty} - b_{r_\infty}) \cdot e^{(-n \cdot r_{beat})}$$

Abb. 1. a Schematische Darstellung der frequenzabhängigen Natriumkanalblockade *(punktierte Fläche)* unter der Einwirkung eines Klasse-I-Antiarrhythmikums bei frequenter Auslösung von Aktionspotentialen. (Zur Erklärung der Symbole s. Text). **b** Schematische Darstellung der exponentiellen Zunahme (Akkummulation) des Blocks am Ende der diastolischen Intervalle bei frequenter Stimulation

tion blockierter Natriumkanäle und damit eine zunehmende Reduktion von $\dot{V}_{max}$ zur Folge hat (Abb. 1b). Im Steady-state während einer beliebigen Stimulationsfrequenz ist die Zunahme des Blocks während des AP gleich der Abnahme des Blocks während des diastolischen Intervalls.

Die „use-dependence" kann somit durch einen apparenten Shift in der Affinität der Natriumkanalrezeptoren während des Erregungszyklus beschrieben werden. In der „Modulated-receptor"-Hypothese wird dieser Shift durch eine tatsächliche Affinitätsänderung des Rezeptors in Abhängigkeit vom Kanalzustand erklärt, während bei der „guarded-receptor"-Hypothese der Zugang zum Rezeptor vom Kanalzustand kontrolliert wird, der Rezeptor selbst aber eine konstante Affinität besitzt und somit nur ein scheinbarer Shift vorliegt. Aus der mathematischen Entwicklung des hier beschriebenen Modells, auf die im Detail nicht näher eingegangen werden soll (s. Weirich 1988) ergeben sich folgende wichtige Aussagen:

1. Bei der Einstellung des Steady-state-Blocks [$b(f)_\infty$] unter frequenter Stimulation liegen die Werte für die Blockade am Ende der diastolischen Intervalle auf einer Exponentialfunktion (Abb. 1b). Da dieser Block das Ausmaß der jeweiligen $\dot{V}_{max}$-Reduktion bestimmt, kann auch die Einstellung des Steady-state der $\dot{V}_{max}$-Reduktion durch eine Exponentialfunktion mit der Gleichung

$$b_{(f)n} = b_{(f)\infty} - b(f)_\infty \cdot \exp(-n \cdot r_{beat}) \qquad (1)$$
$$(b_{r\infty} = 0)$$

beschrieben werden, wobei $b(f)_n$ den Block vor dem n-ten AP bzw. die $\dot{V}_{max}$-Reduktion des n-ten AP und $b(f)_\infty$ die im Steady-state angestrebte Blockade ($\dot{V}_{max}$-Reduktion) darstellen. Die Ratenkonstante r_{beat} [AP^{-1}] gibt die Blockierungsrate pro AP wieder.

2. Der Steady-state-Wert der frequenzabhängigen Natriumkanalblockade kann durch die Gleichung

$$b(f)_\infty = b_{d\infty} \cdot \frac{1 - \exp(-APD/\tau_{on})}{\exp(tr/\tau_{rec}) - \exp(-APD/\tau_{on})} \qquad (2)$$

beschrieben werden. Dieser Gleichung ist zu entnehmen, daß die frequenzabhängige Blockade bei höheren Frequenzen ($tr/\tau_{rec} \rightarrow 0$) Saturierungsverhalten zeigt und den Wert $b_{d\infty}$ approximiert.

3. Die Ratenkonstante r_{beat} zeigt eine lineare Abhängigkeit vom diastolischen Intervall (t_r):

$$r_{beat} = APD/\tau_{on} + tr/\tau_{rec} \qquad (3)$$

Aus dem y-Achsenabschnitt (APD/τ_{on}) dieser linearen Funktion kann τ_{on}, aus der Steigung kann τ_{rec} berechnet werden.

Experimentelle Bestätigung der Modellaussagen

Aufgrund der mathematischen Formulierung des vereinfachten Modells können hinsichtlich der frequenzabhängigen Wirkung von Klasse-I-Substanzen auf $\dot{V}_{max}$ allgemein gültige Aussagen gemacht werden, die durch Experimente am isolierten Papillarmuskel vom Meerschweinchen unter der Einwirkung von Prajmalin ($10^{-6}M$) in quantitativer Weise bestätigt werden. Die Einstellung des Steady-state der frequenzabhängigen $\dot{V}_{max}$-Reduktion bei unterschiedlichen Stimulationsfrequenzen (0,2 Hz, 0,5 Hz und 1,0 Hz) kann jeweils durch eine Exponentialfunktion mit der Ratenkonstanten r_{beat} [AP^{-1}] und den Endwert $b(f)\infty$ angefittet werden (Abb. 2, vgl. Abb. 1b bzw. Gl. 1). Mit höheren Frequenzen entwickelt sich eine zunehmend stärkere Blockade ($\dot{V}_{max}$-Reduktion) der Natriumkanäle

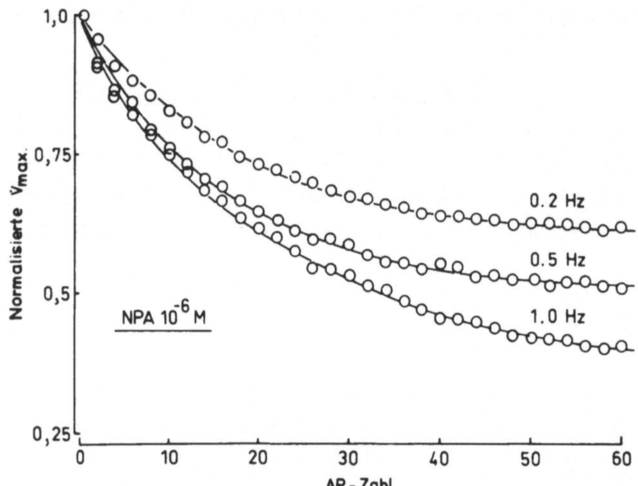

Abb. 2. Kinetik der frequenzabhängigen $\dot{V}_{max}$-Reduktion unter der Einwirkung von Prajmalin ($1 \cdot 10^{-6}$M) bei Stimulationsfrequenzen von 0,2, 0,5 und 1,0 Hz. Die Einstellung des Steady-state-Blocks kann jeweils durch eine Exponentialfunktion mit der Rate r_{beat} [AP^{-1}] und der Amplitude $b(f)_\infty$ angefittet werden (*durchgezogene Kurve;* vlg. Gl. 1)

(Abb. 2). Bei der Auftragung dieser Steady-state-Blockade ($b(f)\infty$) in Abhängigkeit von der Stimulationsfrequenz (Abb. 3a) zeigt sich bei höheren Frequenzen ein Sättigungsverhalten (vgl. Gl. 2), wobei die Sättigung unter der Einwirkung von Prajmalin (10^{-6}M) ab etwa 1 Hz einsetzt. Der Fit an das Modell (Gl.2) ergibt eine maximal erreichbare Blockade ($b_{d\infty}$) von 71% bei einer unendlich hohen Stimulationsfrequenz, die in Annäherung einer unendlich lang dauernden Depolarisation gleicht ($t_r/\tau_{rec} \rightarrow 0$). Dieser Blockade entspricht ein K_D-Wert für den hochaffinen Rezeptorzustand von $4,3 \cdot 10^{-7}$M. Weiterhin errechnet sich aus dem Fit ein „resting block" von 6%, eine Zeitkonstante der Entwicklung des Blocks (τ_{on}) von 7,8 s und eine Zeitkonstante der Erholung vom Block (τ_{rec}) von 164 s.

Die Ratenkonstante (r_{beat}), mit der sich der Steady-state-Block ($b(f)_\infty$) unter frequenter Auslösung von AP einstellt, zeigt lineare Abhängigkeit vom (frequenzabhängigen) diastolischen Intervall, t_r (vgl. Gl. 3). Dabei erfolgt die Entwicklung des Blocks mit zunehmender Frequenz ($t_r \rightarrow 0$) zunehmend langsamer (Abb. 3b). Aus der Steigung der angefitteten Geraden errechnet sich die Zeitkonstante der Erholung (τ_{rec}) zu 145 s und die Zeitkonstante der Entwicklung des Blocks (τ_{on}) zu 8,6 s. Diese Werte sind somit vergleichbar mit den in Abb. 3a ermittelten Werten.

Die Zeitkonstante der Erholung vom Block (τ_{rec}) kann im Gegensatz zur Zeitkonstanten der Entwicklung des Blocks (τ_{on}) auch auf direkte Weise bestimmt werden, indem durch frequente Stimulation $\dot{V}_{max}$ auf jeweils den gleichen Wert reduziert wird und dann nach verschieden langen Recovery-Intervallen die Erholung von $\dot{V}_{max}$ gemessen wird (Abb. 4). Der dabei gemessene Wert von 161 s stimmt sehr gut mit den indirekt ermittelten Werten überein. Elektrophysiologische Untersuchungen zur Wirkung des Klasse-Ic-Antiarrhythmikums Nicain-

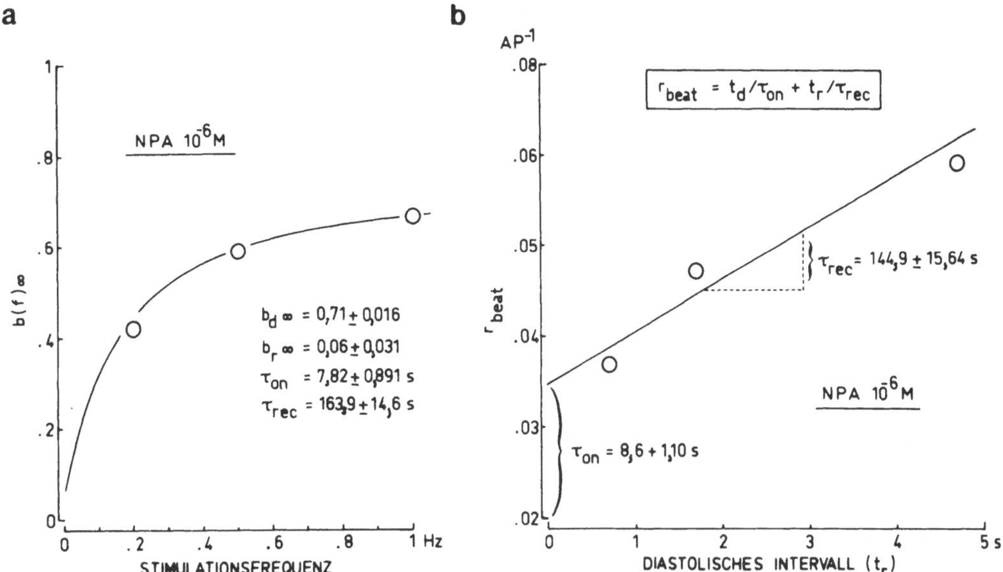

Abb. 3. a Sättigungsverhalten der Beziehung zwischen frequenzabhängiger $\dot{V}_{max}$-Reduktion ($b_\infty(f)$) und Stimulationsfrequenz unter der Einwirkung von $1\cdot10^{-6}$M Prajmalin. Aus der angefitteten Kurve ergeben sich die Kinetikparameter des „Use-dependent"-Blocks unter der Einwirkung von Prajmalin ($1\cdot10^{-6}$M) (vgl. Gl. 2). **b** Lineare Beziehung zwischen den experimentell bestimmten Ratenkonstanten, r_{beat} (Symbole), und dem diastolischen Intervall, t_r. Aus der Steigung der angefitteten Geraden errechnet sich τ_{rec}, aus dem y-Achsenabschnitt τ_{on} (vgl. Gl. 3)

oprol (Weirich, 1988) ergaben, daß die Zeitkonstante der Erholung bei normalem Ruhemembranpotential weitgehend konzentrationsunabhängig ist, wohingegen die Zeitkonstante der Entwicklung des Blocks bei höherer Konzentration

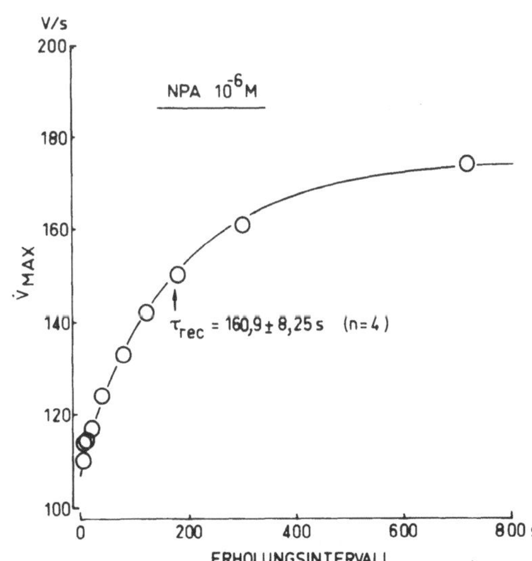

Abb. 4. Direkte Bestimmung von τ_{rec} in Versuchen, bei denen nach unterschiedlich langen Recovery-Intervallen die Erholung von $\dot{V}_{max}$ nach vorausgegangener frequenzabhängiger Reduktion gemessen wurde

abnimmt. Dies führt sowohl zu einer Zunahme als auch zur schnelleren Einstellung der $\dot{V}_{max}$-Reduktion ($b(f)_\infty$) bei höheren Konzentrationen (vgl. Gl. 2 und Gl. 3).

Stellung von Prajmalin

Auf der Grundlage des Modells wurde, wie hier am Beispiel von Prajmalin, gezeigt, die Blockierungskinetik verschiedener Klasse-I-Antiarrhythmika bei äquipotenter Dosierung (ca. 50% V_{max}-Reduktion bei 3,3 Hz) analysiert und verglichen (Weirich 1988). Dabei findet man, daß sich die auf der Beeinflussung der AP-Dauer beruhende Einteilung in Unterklassen Ia, Ib und Ic (Vaughan Williams 1984) im Verhalten der Blockierungskinetik widerspiegelt (Tabelle 1). Substanzen der Klasse Ic zeigen, sowohl eine langsame Blockentwicklung als auch eine langsame Erholung vom Block. Ib-Substanzen sind durch eine schnelle Blockentwicklung als auch durch schnelle Erholung vom Block charakterisiert. Die Substanzen der Klasse Ia nehmen eine Mittelstellung ein. Prajmalin bewirkt

Tabelle 1. Modellberechnungen zu Kinetik und Steady-state-Werten des „Frequency-dependent"-Blocks unter der Einwirkung verschiedener Klasse-I-Antiarrhythmika. Die Berechnungen erfolgen auf der Grundlage der Daten aus Untersuchungen von Campbell (1983). Mit b_{ap} ist der Block am Ende eines nach Ruhebedingungen ausgelösten Aktionspotentials angegeben. Reizintervall $= 0,3$ s; APD $= 0,175$ s

Klasse	Substanz (μM)	$b_{(f)\infty}$ [%]	$b_{r\infty}$ [%]	r_{beat} [AP^{-1}]	τ_{rec} [s]	τ_{on} [s]	$b_{d\infty}$ [%]	b_{ap} [%]	K_{Dd} [μM]
Ic	Prajmalin (1)	69,9	6,0	0,036	160,9	7,8	71,0	1,8	0,5
	Nicainoprol[a] (10)	43,6	3,3	0,066	48,4	6,7	46,0	2,0	9,7
	Encainid (3)	50,0	0	0,025	20,3	9,3	66,5	1,2	2
	Flecainid (5)	50,7	4,8	0,029	15,5	8,4	75,3	1,6	2
	Lorcainid (2)	45,0	4,8	0,022	13,2	14,0	84,2	1,0	0,4
Ia	Disopyramid (100)	50,9	(0)	0,113	12,2	1,7	75,9	7,4	32
	Procainamid (180)	41,0	(0)	0,055	6,3[c]	5,0	64,8	2,2	98
	Chinidin (20)	52,5	(0)	0,068	4,7[c]	4,2	87,4	3,5	3
Ib	Tocainid (250)	35,0[b]	(0)	0,33[b]	0,55[b]	1,7	≈ 100	12,3	>3
	Mexiletin (20)	49,2	14,5	>0,6	0,47	<0,24	92,5	48,1	>2
	Lidocain (200)	40,4	(0)	>0,6	0,2[c]	<0,2	≈ 100	58,6	>2

[a] Weirich et al. 1988b; [b] Courtney 1983; [c] Varro et al. 1985.

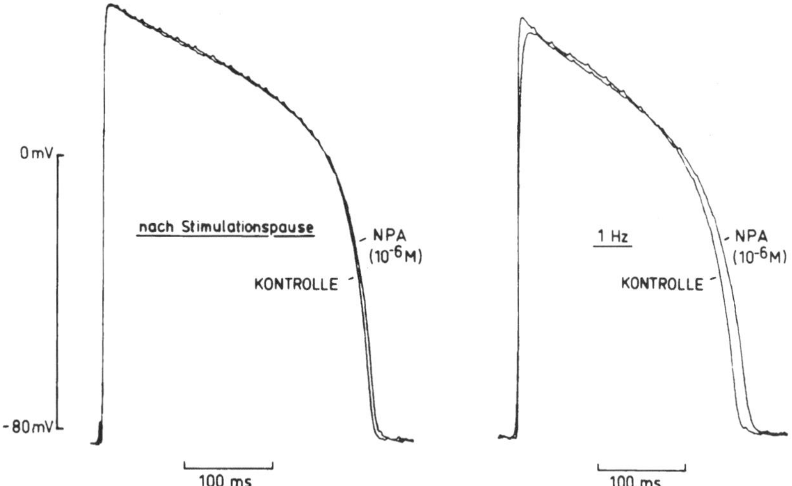

Abb. 5. Einfluß von $1 \cdot 10^{-6}$M Prajmalin auf die Aktionspotentialdauer nach Stimulationspause (10 min) und unter 1-Hz-Stimulation

eine nur geringfügige Verlängerung der AP-Dauer (Abb. 5), so daß anhand dieses Einteilungskriteriums keine eindeutige Zuordnung zur Klasse Ia oder Ic möglich ist. Aufgrund der Blockierungskinetik (langsame Entwicklung des Blocks und extrem langsame Erholung vom Block) hingegen muß Prajmalin der Klasse Ic zugezählt werden.

Schlußfolgerung

Die „use-dependence" von Klasse-I-Antiarrhythmika bei frequenter Auslösung von Aktionspotentialen kann auch auf der Grundlage eines vereinfachten Modells in quantitativer Weise nachvollzogen und somit analysiert werden. Diese Analyse zeigt, daß sich die Einteilung der Klasse-I-Antiarrhythmika in die Unterklassen Ia, Ib und Ic in der Kinetik ihrer „use-dependence" widerspiegelt. Es kann vermutet werden, daß diese unterschiedliche Kinetik auch Ursache der unterschiedlichen Beeinflussung der Aktionspotentialdauer durch Klasse-I-Antiarrhythmika ist (Weirich u. Antoni 1988). Eine Einteilung der Klasse-I-Antiarrhythmika entsprechend der Kinetik ihrer „use-dependence" wäre deshalb vorzuziehen, zumal eine solche Einteilung in direkter Beziehung zur klinischen Wirkung steht. So ist von Klasse-Ib-Substanzen nur eine Wirkung bei schnellen Tachykardien und eng angekoppelten Extrasystolen zu erwarten, wohingegen Ic-Substanzen Sinusrhythmus und Extrasystolen in nahezu gleicher Weise beeinflussen. Diese Effekte sollten deshalb auch beim Vergleich der klinischen Wirksamkeit von Antiarrhythmika aus verschiedenen Untergruppen der Klasse I berücksichtigt werden. Nicht zuletzt gibt es Hinweise, daß auch die arrhythmogene Potenz von Klasse-I-Antiarrhythmika mit der Kinetik ihrer „use-dependence" korreliert werden kann (Podrid 1985).

Literatur

Campbell TJ (1983) Importance of physico-chemical properties in determining the kinetics of the effects of class I antiarrhythmic drugs on maximum rate of depolarization in guinea-pig ventricle. Br J Pharmacol 80:30–40

Courtney KR (1983) Quantifying antiarrhythmic drug blocking during action potentials in guinea-pig papillary muscle. J Mol Cell Cardiol 15:49–757

Heistracher P (1971) Mechanisms of action of antifibrillatory drugs. Naunyn Schmiedebergs Arch Pharmacol 269:199–211

Hille B (1977) Local anesthetics: Hydrophilic and hydrophobic pathways for the drug-receptor reaction. J Gen Physiol 69:497–515

Hondeghem LM, Katzung BG (1980) Test of a model of antiarrhythmic drug action. Effects of quinidine and lidocaine on myocardial conduction. Circulation 61:1217–1224

Podrid PJ (1985) Aggravation of ventricular arrhythmia: a drug-induced complication. Drugs 29:33 ff.

Starmer CF, Grant AO, Strauss HC (1984) Mechanisms of use-dependent block of sodium channels in excitable membranes by local anesthetics. Biophys J 46:15–27

Varro A, Elharrar V, Surawicz B (1985) Frequency-dependent effects of several class I antiarrhythmic drugs on $\dot{V}_{max}$ of action potential upstroke in canine cardiac Purkinje fibers. J Cardiovasc Pharmacol 7:482–492

Vaughan Williams EM (1970) Classification of anti-arrhythmic drugs. In: Sandoe E, Flensted-Jansen E, Olesen KH (eds) Ab-Astra: Symposion on cardiac arrhythmias. Södertälje/Sweden, pp 449–472

Vaughan Williams EM (1984) Subgroups of class 1 antiarrhythmic drugs. Eur Heart J 5:96–98

Weirich J (1988) Quantitative Beschreibung der „use dependence" von Klasse-I-Antiarrhythmika. In: Lüderitz B, Antoni H (Hrsg) Perspektiven der Arrhythmiebehandlung. Springer, Berlin–Heidelberg–New York–Tokyo, S. 17–23

Weirich J, Antoni H (1986) Quantitative description of frequency dependent block of fast sodium channels by a new antiarrhythmic drug based on the Starmer model. Naunyn Schmiedebergs Arch Pharmacol 332 (Suppl):R 50

Weirich J, Antoni H (1988) Are the different properties of class I antiarrhythmic drugs due to different kinetics of use-dependent Na-channel blockade? Naunyn/Schmiedebergs Arch Pharmacol 232 (Suppl): R 58

Weirich J, Antoni H (1988) Evaluation and interpretation of voltage- and frequency-dependent electrophysiological effects of a new class I antiarrhythmic agent (nicainoprol) on guinea pig papillary muscle and isolated heart. J Cardiovasc Pharmacol 12:664–671

Messung des schnellen Natriumeinstroms
mit der „Loose-patch-clamp"-Technik –
Einfluß von Prajmalin

R. Eickhorn

Voltage-clamp-Messungen des raschen Natriumeinwärtsstroms (I_{Na}) am Herzmuskel waren bis vor wenigen Jahren methodisch sehr problematisch. Ein profundes Verständnis der Wirkung von Klasse-I-Antiarrhythmika ist allerdings nur bei Kenntnis der Kinetik von I_{Na} unter dem jeweiligen Antiarrhythmikum möglich. Seit der Etablierung von „Patch-clamp"-Methoden, bei denen ein Zellmembranareal („patch") von einigen Mikrometer Durchmesser untersucht wird, sind ausreichend zuverlässige Registrierungen gewährleistet. Für die üblichen „Tight-seal-patch-clamp"-Messungen mit hochohmigem Abschluß zwischen Zelloberfläche und Pipette müssen allerdings Einzelzellen zur Verfügung stehen, deren Glykokalyx durch enzymatische Behandlung wenigstens teilweise abgebaut wurde. Bei der „Loose-patch-clamp"-Technik mit losem („loose") Kontakt zwischen Pipette und Zelloberfläche wird an nativem Myokard, einem Papillarmuskel oder Trabekel, gearbeitet. Durch sukzessives Aufsetzen der Pipette auf den Muskel wird eine Stelle gesucht, die frei von Endokard ist und die Registrierung des I_{Na} gestattet. Die Grundlagen der „Loose-patch"-Technik wurden von Almers et al. (1983a, b; Stühmer et al. 1983) geschaffen und in jüngster Zeit für das Myokard adaptiert (Antoni et al. 1988). Prajmalin ist ein seit geraumer Zeit bekanntes Klasse-I-Antiarrhythmikum (Späth 1983), für das zwar Untersuchungen unter Zuhilfenahme der maximalen Aufstrichsgeschwindigkeit ($\dot{V}_{max}$) am Myokard (Heistracher u. Pillat 1964; Homburger u. Antoni 1974a; Homburger und Antoni 1974b) und Messungen des I_{Na} am Ranvier-Knoten vorliegen (Khodorov u. Zaborovskaya 1983), jedoch fehlten direkte Messungen des I_{Na} am Myokard.

Methode

Präparation und Versuchsaufbau sind im wesentlichen bereits andernorts beschrieben (Antoni et al. 1988). Prajmalin wurde nach Durchführung der Kontrollmessung in einer Konzentration von 1 oder 10 µmol/l zum Perfusat zugegeben. Nach einer Äquilibrierungszeit von 5–8 min wurden die eigentlichen Messungen begonnen. Das nicht dicht abschließende Seal unter der „Loose-patch"-Pipette ermöglicht den freien Zutritt von Substanzen wie Prajmalin von der Badlösung her an das untersuchte Membranareal. Alle Membranpotentiale sind entsprechend der üblichen Konvention Zellinneres minus Zelläußeres angegeben. Als größer/kleiner wird ein Potential bezeichnet, wenn es positiver/negativer als ein anderes ist.

Ergebnisse

Der rasche Natriumstrom unter Kontrollbedingungen

Ausgehend von einem Haltepotential von -100 mV wird jede Sekunde für die Dauer von 5 ms auf Testpotentiale zwischen -60 mV und $+30$ mV geklemmt (Abb. 1a). Bei Testpotentialen von -50 mV und mehr wird hierdurch ein Natriumstrom ausgelöst. Die Amplitude des Stroms steigt bis zu Testpotentialen von etwa -10 mV an, um bei größeren Potentialen (mit Annäherung an das Natriumgleichgewichtspotential) wieder zu sinken. Aktivation und Inaktivation des Stroms beschleunigen sich insbesondere zwischen -50 und -20 mV deutlich.

Abhängigkeit der Blockierung von der Stimulationsfrequenz

Die sog. „use-dependence", d.h. die Verstärkung der Blockade von I_{Na} durch frequentere Stimulation, kann durch rasch aufeinanderfolgende Klemmpulse von einem Haltepotential von -100 mV auf 0 mV untersucht werden. Der Membranpatch wird hierzu nach Einwaschen von Prajmalin (1 μmol/l) für jeweils 3 min mit Testpulsen von 0 mV und 5 ms Dauer und Folgefrequenzen zwischen 0,1 und 10 Hz stimuliert. Hierbei zeigt sich eine frequenzabhängige Reduktion des I_{Na} Spitzenstromes (Abb. 1b). Die Geschwindigkeit der Aktivations- und

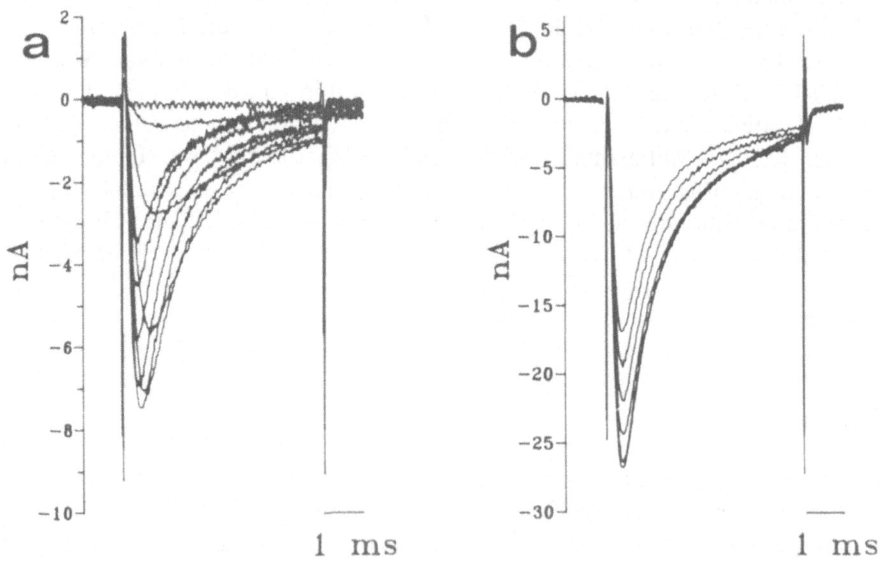

Abb. 1a,b. Originalregistrierungen von Natriumströmen. **a** Serie von Natriumströmen, hervorgerufen durch Depolarisation auf Werte zwischen -60 mV und 30 mV in Schritten von 10 mV. Der Maximalstrom wird bei -10 mV erreicht. Haltepotential -100 mV, Testpulse von 5 ms Dauer; Patch 1606. **b** Frequenzabhängige Wirkung von 1 μmol/l Prajmalin. Nach Einwaschen der Substanz wurde für je 3 min mit 0,1 Hz, 0,5 Hz, 1 Hz, 2 Hz, 5 Hz und 10 Hz stimuliert. Der Strom wird hierdurch zunehmend reduziert. Kontrollmessungen (nicht dargestellt) zeigen annähernd identische Ströme bis hin zu 10 Hz. Haltepotential -100 mV, Testpulse 0 mV für 5 ms; Patch 2505B

Inaktivationsphase ändert sich nicht. Unter Kontrollbedingungen zeigt sich dagegen erst ab 10 Hz eine geringfügige Veränderung des Stroms.

Einsetzen der Blockierung bei Einwaschen und Stimulation

Wird Prajmalin in einer Konzentration von 10 µmol/l eingewaschen (Haltepotential -100 mV) und erst dann mit der Stimulation begonnen (Testpulse von 0 mV für 5 ms, Folgefrequenz 1 Hz), so zeigt der erste Testpuls keine deutliche Stromreduktion, d.h. erst mit Beginn der Stimulation beginnt das Einsetzen des Blocks. Prajmalin zeigt somit keinen nennenswerten „tonic block“. Der Endwert der frequenzabhängigen Blockierung wird unter den genannten Bedingungen verhältnismäßig langsam mit einer Zeitkonstante von 70 $\pm$ 24 s erreicht (n = 3). Ein Beispiel hierzu zeigt Abb. 2.

Bindet Prajmalin an den offenen oder den inaktivierten Na^+-Kanal?

Für den Natriumkanal kann man wenigstens 3 grundsätzlich verschiedene Zustände unterscheiden: 1. einen ruhenden Zustand R, der bei negativen Potentialen in der Nähe des Ruhepotentials vorherrscht; 2. einen aktivierten, leitenden Zustand A, der aus R heraus durch Depolarisation entsteht; 3. einen inaktivierten Zustand I, der nach wenigen Millisekunden aus A entsteht und erst durch Repolarisation wieder in R überführt wird. Prajmalin bindet offenbar kaum an den Natriumkanal im Zustand R, wie durch das Fehlen eines „tonic block“ nahegelegt wird. „Use-dependence“ kann sowohl durch Bindung an A als auch an I entstehen, denn jede Stimulation aktiviert zunächst I_{Na} (<1ms) und inaktiviert danach I_{Na} binnen weniger Millisekunden.

Um zwischen einer Bindung an Zustand A oder I unterscheiden zu können, wurden Testpulse von 0,5 ms, 5 ms und 50 ms Dauer appliziert. Eine Vertiefung

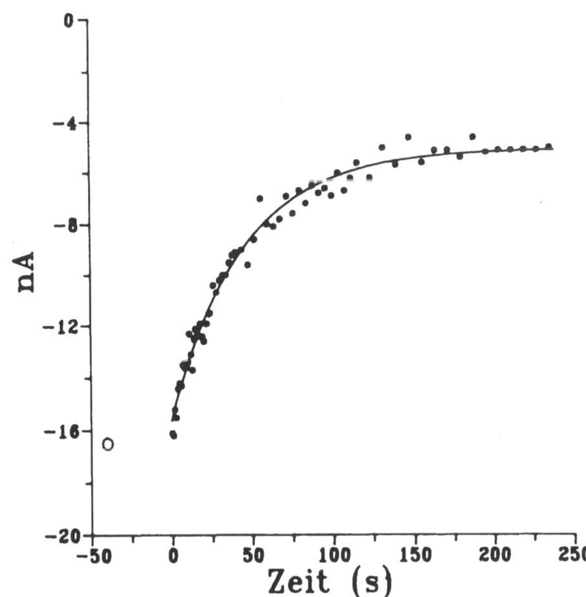

Abb. 2. Einsetzen der frequenzabhängigen Blockierung von I_{Na} durch 10 µmol/l Prajmalin. Der *offene Kreis* repräsentiert die Stromamplitude der Kontrolle vor Einwaschen der Substanz, während *geschlossene Kreise* für I_{Na} unter einsetzender Stimulation mit Testpulsen von 0 mV und 5 ms Dauer bei 1 Hz stehen. Die Entwicklung des frequenzabhängigen Blocks läßt sich durch eine einfache Exponentialfunktion *(durchgezogene Linie)* beschreiben. Haltepotential -100 mV; Patch 2106

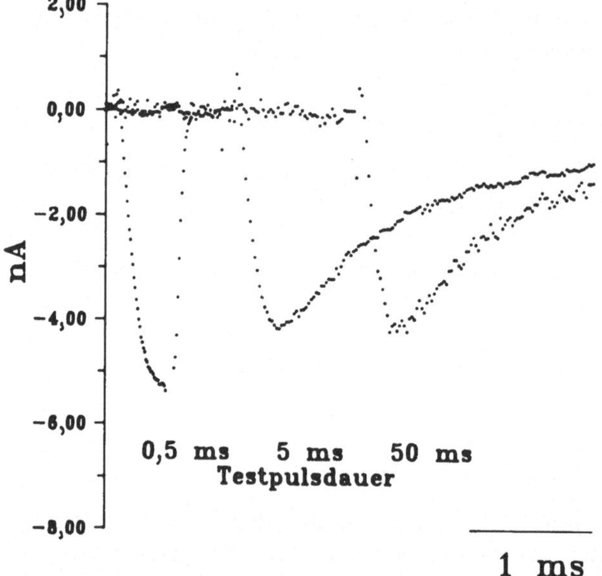

Abb. 3. Originalregistrierungen von Natriumströmen im Steady state unter 10 µmol/l Prajmalin bei Stimulation mit 1 Hz, konstantem Testpotential von 0 mV, aber verschieden langem Testpuls (0,5 ms, 5 ms und 50 ms). Zur Darstellung sind die Registrierungen seitlich nebeneinander verschoben. Die beiden längeren Testpulse führen zu identischer Stromamplitude, nur der 0,5 ms lange Testpuls zeigt eine geringere Blockierung. Haltepotential − 100 mV; Patch 2106B

des Blocks erfolgt zwischen 0,5 und 5 ms Pulsdauer (Abb. 3), jedoch zeigt sich keine weitere Verstärkung des Blocks bei 50 ms langen Pulsen. Die sehr kurzen Testpulse von 0,5 ms verhindern eine vollständige Inaktivation von I_{Na}, indem durch die frühe Repolarisation der Strom deaktiviert, d. h. der Natriumkanal direkt von A nach R rückgeführt wird. Testpulse von 50 ms gegenüber 5 ms verlängern dagegen lediglich das Bestehen des inaktivierten Zustandes. Da nach 0,5 ms die Aktivation bereits vollständig ist, aber die Inaktivation noch fortschreitet (analog zur Entwicklung des Blocks), bindet Prajmalin an den inaktivierten Zustand.

Besteht eine Potentialabhängigkeit der Bindung an den Na^+-Kanal?

Eine Substanz, die „use-dependence" zeigt, hat allein schon durch die Potentialabhängigkeit der Zustände R, A und I eine potentialabhängige Bindung. Es ist aber denkbar, daß darüber hinaus eine Potentialabhängigkeit der Bindung geladener Substanzen an einen geladenen Rezeptor besteht. Dies ist offenbar auch bei Prajmalin der Fall, wie nun gezeigt werden soll.

Konditionierungspulse variabler Amplitude (5 ms Dauer, 1 Hz Folgefrequenz) werden für 4 min (komplette Äquilibrierung der Bindung von Prajmalin) appliziert und 1 s später der Strom eines Testpulses (0 mV, 5 ms) aufgezeichnet. Prajmalin dissoziiert nur sehr langsam von seinem Rezeptor ab, so daß der Testpuls ein Maß für die Besetzung des Na^+-Kanals während der Konditionierungspulse liefert. Wie Abb. 4 zeigt, kommt es mit größer werdendem Potential zu einer stärkeren Reduktion von I_{Na}, d. h. zu einer Verstärkung des Blocks.

Betrachtet man den Bereich um das Natriumgleichgewichtspotential, also zwischen 40 und 60 mV, so ist eine intensive Bindung von Prajmalin zu finden, obwohl der Strom selbst hier sehr klein wird. Somit ist ein deutlicher Einfluß der Stromgröße und Richtung auf die Prajmalinbindung unwahrscheinlich.

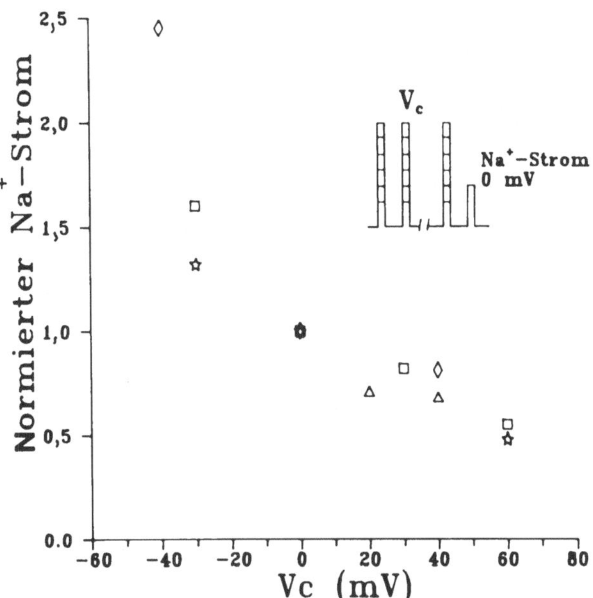

Abb. 4. Potentialabhängigkeit der Prajmalinbindung an den depolarisierten Na^+-Kanal. Dargestellt ist die auf den Wert bei 0 mV bezogene I_{Na}-Amplitude nach Stimulation mit Konditionierungspulsen (V_c von 5 ms Dauer, 1 Hz für 4 min) und einem Testpuls von 0 mV nach 1 s. Wie die Meßpunkte zeigen, wird die Blockierung durch Prajmalin (10 µmol/l) mit zunehmendem Potential ausgeprägter. Verschiedene Symbole stehen für verschiedene Versuche. Haltepotential − 100 mV; Patch 1306, 1406, 1406A, 2106B

Potentialabhängigkeit der Deblockierung

Bisher hatten wir uns auf die Entstehung der Blockierung des Natriumstroms konzentriert. Experimentell hatten wir hierzu das Haltepotential auf einem Wert von − 100 mV belassen. Durch Hyperpolarisation kann das Gleichgewicht der Bindung zugunsten der Deblockade verschoben werden (Abb. 5a). Der Patch wurde mit Testpulsen von 0 mV und 5 ms Dauer bei 1 Hz stimuliert. Nach Umschalten des Haltepotentials von − 100 mV auf − 140 mV kommt es praktisch sofort zu einer mäßigen Stromvergrößerung, was einer Verringerung der Inaktivation nicht blockierter Kanäle entspricht. Sodann erfolgt eine langsame Deblockierung mit einer Zeitkonstanten von rund 30 s und entsprechender Vergrößerung von I_{Na}.

Bestimmt man unter diesen Bedingungen (Testpulse 0 mV, 5 ms, 1 Hz) die Abhängigkeit der I_{Na}-Verfügbarkeit vom Haltepotential, so zeigt sich, daß durch ausreichende Hyperpolarisation auch bei repetitiver (1 Hz) Stimulation eine völlige Deblockierung erreichbar ist (Abb. 5b).

Folgerungen aus „Voltage-clamp"-Untersuchungen von Prajmalin

Aus Untersuchungen von Khodorov u. Zaborovskaya (1983) war bekannt, daß Prajmalin am Nerven an den aktivierten Natriumkanal in potentialabhängiger Weise bindet. Die vorliegenden Untersuchungen zeigen, daß sich Prajmalin am myokardialen Na^+-Kanal ähnlich verhält, jedoch bestehen Hinweise für eine Bindung an den inaktivierten Zustand.

Weiterhin zeigt sich eine Spannungsabhängigkeit in der Beziehung von I_{Na} zum Halte-(Ruhe-)potential, obwohl Prajmalin lediglich an den aktivierten Zu-

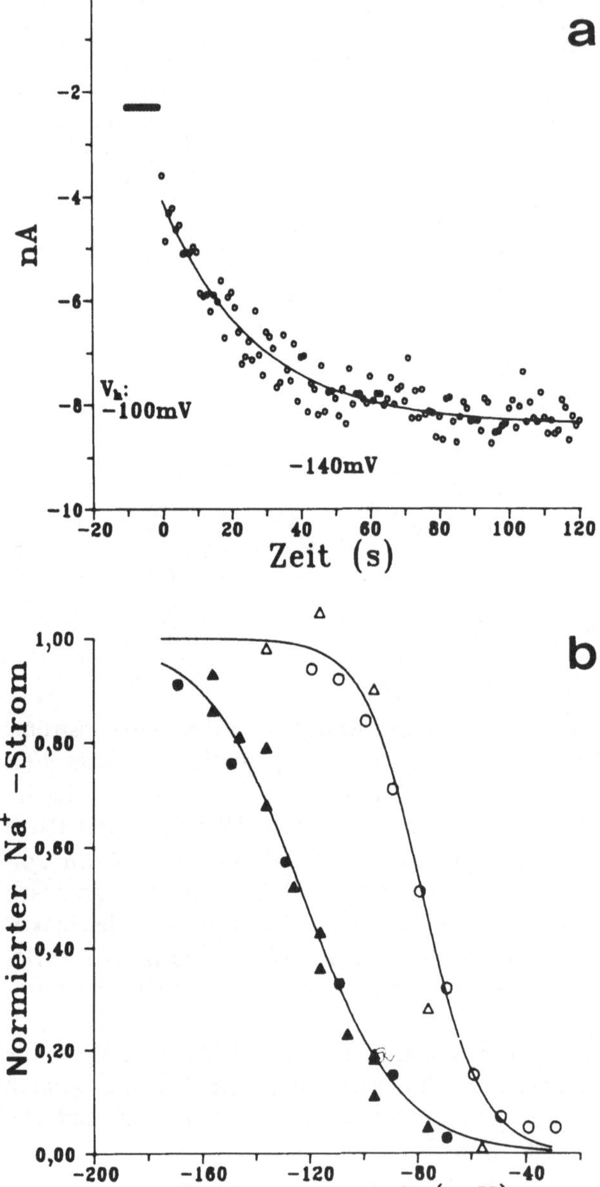

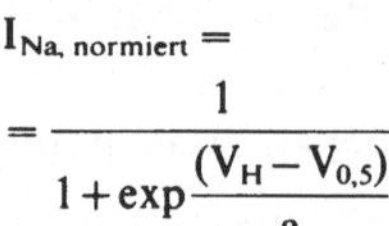

Abb. 5a,b. Potentialabhängigkeit der Erholung von der Prajmalinbindung (10 µmol/l). **a** Änderung des Haltepotentials von −100 mV auf −140 mV führt auch unter fortgesetzter Stimulation zu einer exponentiellen Verringerung des Blocks (Zeitkonstante 27 s). Testpulse 0 mV für 5 ms; Patch 1306. **b** Verfügbarkeitskurve unter Prajmalin *(gefüllte Symbole)* bei permanenter Stimulation (0 mV, 5 ms bei 1 Hz) nach Erreichen des Steady state. Die Verfügbarkeitskurve ist gegenüber der unter Kontrollbedingungen gewonnenen I_{Na}-Inaktivationskurve *(offene Symbole)* linksverschoben und flacher. Die *durchgezogenen* Linien stellen einen Fit an eine Boltzmann-Verteilung der Form

$$I_{Na, normiert} = \frac{1}{1 + \exp\dfrac{(V_H - V_{0,5})}{a}}$$

dar. Unter Kontrollbedingungen liegt der Mittelpunkt $V_{0,5}$ dieser Kurve bei −77 mV mit a = 10,7 mV/e-fach, unter Prajmalin ist $V_{0,5}$ −122 mV und a 17,7 mV/e-fach. Patch 2005 und 1306

stand bindet. Eine zwanglose Erklärung hierfür ist eine mit Hyperpolarisation rascher erfolgende Erholung vom Block.

Insgesamt ist Prajmalin eine kinetisch langsam wirkende Substanz mit bei Depolarisation deutlich zunehmender Bindung an den Na⁺-Kanal.

Literatur

Almers W, Stanfield PR, Stühmer W (1983a) Slow changes in currents through sodium channels in frog muscle membrane. J Physiol (Lond) 339:253-271

Almers W, Stanfield PR, Stühmer W (1983b) Lateral distribution of sodium and potassium channels in frog skeletal muscle: measurements with a patch-clamp technique. J Physiol (Lond) 336:261-284

Antoni H, Böcker D, Eickhorn R (1988) Sodium current kinetics in intact rat papillary muscle. measurements with the loose-patch-clamp technique. J Physiol (Lond) 406:199-213

Heistracher P, Pillat P (1964) Die Wirkung von N-Propyl-Ajmalinium-Bromid auf das Aktionspotential von Purkinjefasern. Basic Res Cardiol 44:300-312

Homburger H, Antoni H (1974a) Elektrophysiologische Effekte von N-n-Propyl-Ajmalinium-Hydrogentartrat (NAPB) am isolierten Säugetiermyokard. In: Antoni H, Effert S (Hrsg) Herzrhythmusstörungen: Neue experimentelle Ergebnisse und klinisch-therapeutische Gesichtspunkte. Schattauer, Stuttgart, S 189-195

Homburger H, Antoni H (1974b) Elektrophysiologische Untersuchungen über die Wirkung von N-n-Propyl-Ajmalinium-Hydrogentartrat (NPAB) auf das isolierte Vorhofmyokard des Meerschweinchens. Arzneim Forsch 24:1-12

Khodorov BI, Zaborovskaya LD (1983) Blockade of sodium and potassium channels in the node of Ranvier by ajmaline and N-Propyl ajmaline. Gen Physiol Biophys 2:233-268

Späth G (1983) Die Antiarrhythmika Ajmalin und Prajmaliumbitartrat. Giulini Pharma, Hannover

Stühmer W, Roberts WM, Almers W (1983) The loose patch clamp. In: Sakmann B, Neher E (eds) Single-channel recording. Plenum, New York, pp 123-132

Cholinerge Einflüsse auf die Wirkung von Antiarrhythmika unter Berücksichtigung von Ajmalin und N-Propylajmalin*

H. Langenfeld, C. Köhler, K. Haverkampf, K. Kochsiek

Einleitung

Vagale Stimulation bzw. cholinerge Substanzen negativieren bekanntlich das Ruhepotential des Vorhofmyokards und verkürzen dessen Aktionspotential-dauer (APD), besitzen aber keinen direkten Einfluß auf das schnelle Na^+-System (Hutter 1961; Giles u. Noble 1976).

Nach dem „modulierten Rezeptormodell" von Hille (1977) sowie Hondeghem u. Katzung (1977, 1980) wird die Affinität eines Antiarrhythmikums der Klasse I zu seinem Rezeptor entscheidend durch den Aktivitätszustand der Na^+-Kanäle bestimmt, der wiederum in engem Zusammenhang mit dem Ruhepotential und der APD steht. Aus diesem Grund liegt ein indirekter Einfluß von Parasympathikomimetika auf die Wirkung von Klasse-I-Substanzen am Vorhofmyokard nahe, den wir auch kürzlich für Lidocain und Chinidin nachweisen konnten (Langenfeld et al. 1989).

Ajmalin (AJ; Gilurytmal) und sein quarternäres Amin, N-Propylajmalin (NPA; Neo-Gilurytmal), sind lange bekannte antiarrhythmische Substanzen der Klasse I (Heistracher 1964; Homburger u. Antoni 1974). Ein in Hinsicht auf ihre Membranaffinität und eine mögliche Interaktion mit Cholinergika interessanter Unterschied besteht darin, daß AJ sowohl in der ungeladenen (hydrophoben) als auch – je nach pH-Wert – in der geladenen protonierten Form vorliegen kann, während NPA nur als Kation erscheint.

In der Klinik werden beide Substanzen bevorzugt bei supraventrikulären Tachykardien eingesetzt. Eine eventuelle Modifikation ihrer antiarrhythmischen Wirkung durch cholinerge Stimulation ist daher von theoretischem wie klinischem Interesse. Aus diesem Grunde untersuchten wir den Einfluß des Parasympathikomimetikums Carbachol (C) auf die Wirkung von AJ und NPA am intrazellulären Membranpotential des Kaninchenvorhofes.

Methode

Als Versuchstiere verwendeten wir junge Hauskaninchen mit einer Körpermasse von 2000–2500 g. Nach dem Schlachten der Tiere durch Nackenschlag wurde das Herz entnommen. In einem Bad mit Nährlösung (s. unten) wurden bei Zimmertemperatur dünne Vorhofmyokardstreifen mit einem Durchmesser von weni-

* Gefördert durch die Deutsche Forschungsgemeinschaft (La 471/2-1).

ger als 1 mm herauspräpariert und in einem Versuchsbad von 1,5 ml Volumen und einem konstanten Durchfluß von 6 ml/min bei 32°C aufgespannt. Die Perfusionslösung enthielt (in mM): Na^+ 149,4, K^+ 2,7, Ca^{2+} 2,5, Cl^- 132,2, HCO_3^-, 24,9, Glukose 5,5, Pyruvat 2,0. Die Nährlösung wurde mit einem Gemisch von 95% O_2 und 5% CO_2 durchströmt und hatte danach einen pH von $7,40\pm0,05$ bei 32°C.

Wir stimulierten die Präparate mit Gleichstromreizen von 1 ms Dauer und doppelter Schwellenspannung. Unter allen Versuchsbedingungen verwendeten wir ein Standardreizprogramm mit Reizfrequenzen von 1,0, 2,0, 2,5 und 3,3 Hz nach einer Ruhezeit von jeweils 5 min.

Die Messung der Aktionspotentiale (AP) erfolgte mit der konventionellen Mikroelektrodentechnik, die Auswertung durch ein Rechnerprogramm. Der elektronische Aufbau der Versuchsapparatur und die Art der Datenspeicherung sind an anderer Stelle genauer beschrieben (Langenfeld et al. 1989).

In die statistische Auswertung wurden nur solche Versuche einbezogen, bei denen der Einstich der Mikroelektrode zumindest über die Durchführung des Standardreizprogramms unter einer Versuchsbedingung konstant gehalten werden konnte. Etliche Experimente konnten mit einem permanenten Mikroelektrodeneinstich in ein und dieselbe Zelle unter mehreren Versuchsbedingungen durchgeführt werden. Für die statistische Auswertung der Versuche wurde der Student-t-Test für ungleiche Stichproben angewendet.

Ajmalin und NPA wurden von der Fa. Guilini Pharma GmbH, Hannover, zur Verfügung gestellt.

Ergebnisse

Einfluß von Carbachol auf das Aktionspotential des Kaninchenvorhofs

In 6 Kontrollexperimenten untersuchten wir den Einfluß von Carbachol in einer Konzentration von 1 mg/l ($6,7 \cdot 10^{-6}$ M) auf das Ruhe- und Aktionspotential. Die Ergebnisse sind an anderer Stelle (Langenfeld et al. 1989) genauer dargestellt und sollen hier noch einmal kurz zusammengefaßt werden:

Das Ruhemembranpotential wurde durch C von -91 ± 7 auf -102 ± 6 mV polarisiert (Mittelwert $\pm$ Standardabweichung; $p<0,001$). Die AP-Dauer bei 50% Repolarisation (APD 50) wurde von 70 ± 21 auf 18 ± 9 ms ($p<0,05$) und die APD 90 von 127 ± 28 auf 40 ± 15 ms ($p<0,001$) verkürzt.

Carbachol hatte auf $\dot{V}_{max}$ bei 1 Hz keinen signifikanten Einfluß, während $\dot{V}_{max}$ bei 2,5 und 3,3 Hz von 189 ± 64, bzw. 181 ± 55 V/s unter Kontrollbedingungen nach Zugabe von C auf 245 ± 32, bzw. 251 ± 25 V/s deutlich anstieg und damit den Ausgangswert der Kontrolle unter 1 Hz (242 ± 52 V/s) wieder erreichte. Dies heißt also, daß durch C die frequenzabhängige Reduktion von $\dot{V}_{max}$ weitgehend aufgehoben wird.

In weiteren Versuchen konnten wir zeigen, daß die Erholung von der Inaktivierung von $\dot{V}_{max}$ durch C deutlich beschleunigt wird. Die Relation zwischen dem Ruhemembranpotential und $\dot{V}_{max}$, welche die sog. h_∞-Kurve des Natriumsystems widerspiegelt bleibt unter C unverändert.

Einfluß von Carbachol auf den Effekt von Ajmalin

Nach Durchführung des Standardreizprogramms unter Kontrollbedingungen (n = 16), wuschen wir 30 min lang AJ in einer Konzentration von 1 mg/l ($2,1 \cdot 10^{-6}$) ein und wiederholten dann die Stimulation (n = 18). Danach gaben wir der Lösung C (1 mg/l = $6,6 \cdot 10^{-6}$ M) hinzu und führten nach ebenfalls 30 min eine 3. Messung durch (n = 4).

Das Ruhepotential blieb mit -91 ± 4 mV unter AJ gegenüber -92 ± 6 mV unter Kontrollbedingungen praktisch gleich, wurde jedoch durch C signifikant auf -100 ± 6 mV erhöht (p < 0,01). Die APD 50 und APD 90 wurde durch AJ nicht signifikant beeinflußt. Dagegen verkürzte C die APD 50 von 86 ± 7 (Reizfrequenz 1 Hz) unter AJ deutlich auf 33 ± 4 ms (p < 0,001) und die APD 90 von 151 ± 25 auf 73 ± 17 ms (p < 0,001).

Ajmalin führte zu einer signifikanten Reduktion von $\dot{V}_{max}$. In Abb. 1 (oben) sind die Durchschnittswerte von $\dot{V}_{max}$ nach 1 min Reizpause und im Steady state nach 20 Reizen bei einer Reizfrequenz von 3,3 Hz verglichen: $\dot{V}_{max}$ ging von 255 ± 82 bzw. von 202 ± 80 V/s auf 117 ± 76 bzw. 83 ± 41 V/s zurück. Carbachol führte nur unter Steady-state-Bedingungen zu einem signifikanten Anstieg von $\dot{V}_{max}$ auf 142 ± 12 V/s (p < 0,001). Dieses Verhalten wurde mit Ausnahme der Reizfrequenz von 1 Hz bei allen Stimulationsfrequenzen beobachtet (s. Abb. 2). Ein Versuchsbeispiel mit besonders ausgeprägtem Effekt des C bei einer Reizfrequenz von 3,3 Hz ist in Abb. 3 dargestellt.

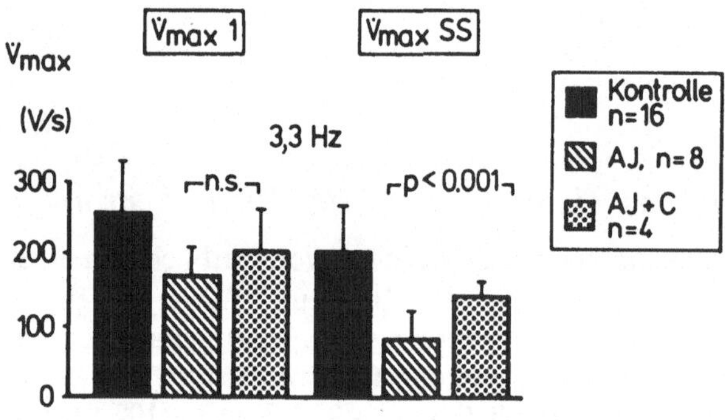

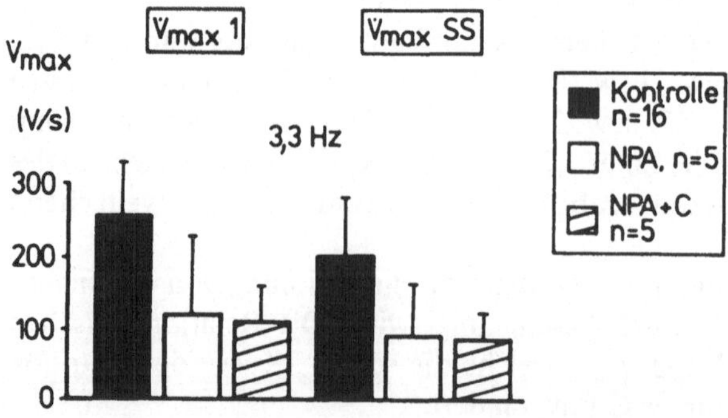

Abb. 1. Durchschnittswerte ($\pm$ Standardabweichung) von $\dot{V}_{max}$ des 1. AP nach 5 min Reizpause und nach 20 Reizen (3,3 Hz) im Steady state (SS). Oben ist die Wirkung von 1 mg/l AJ dargestellt, unten die von 0,5 mg/l NPA. Nach Zugabe von 1 mg/l C steigt nur $\dot{V}_{max}$ des Steady-state-AP unter AJ signifikant an

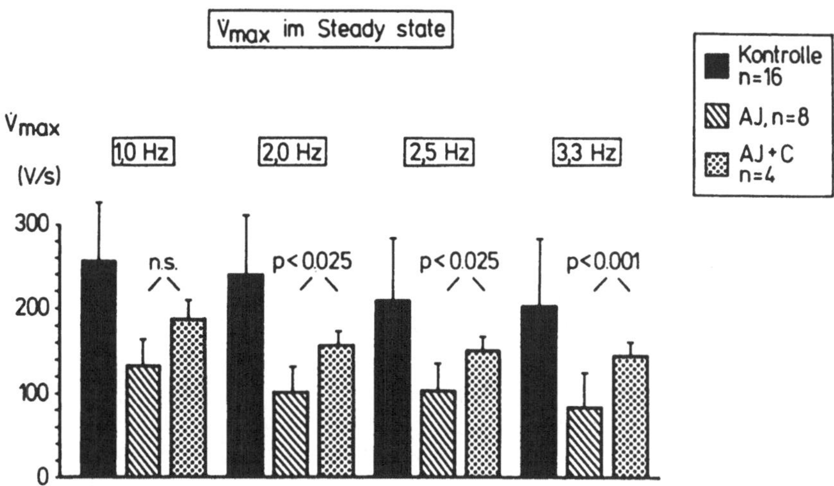

Abb. 2. Steady-state-Werte von $\dot{V}_{max}$ ($\pm$ Standardabweichung) bei verschiedenen Reizfrequenzen unter Kontrollbedingungen, 1 mg/1 AJ und nach Zugabe von 1 mg/1 C

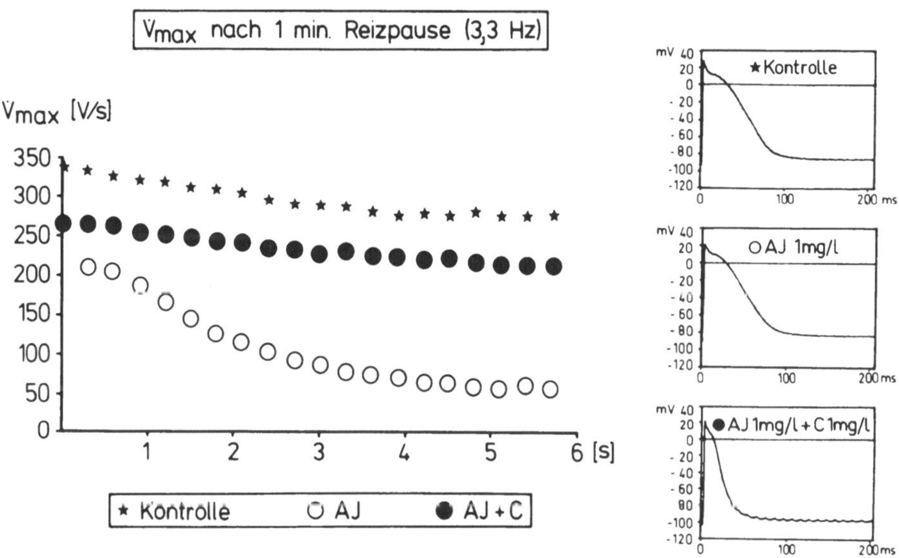

Abb. 3. $\dot{V}_{max}$ bei Reizbeginn mit 3,3 Hz nach 1 min Reizpause unter Kontrollbedingungen, 1 mg/1 AJ und nach Zugabe von 1 mg/1 C. Es handelt sich um einen kontinuierlichen Einstich in dieselbe Zelle. *Rechts* sind die zugehörigen AP im Steady state dargestellt

Einfluß von Carbachol auf den Effekt von N-Propylajmalin

Analog zu den Versuchen mit AJ und C wurden Messungen unter dem Einfluß von NPA in einer Konzentration von 0,5 mg/1 (10^{-6} M) vorgenommen (n = 5). Zunächst hatten wir bei 2 Präparaten versucht, NPA in einer Konzentration von 1 mg/1 ($2 \cdot 10^{-6}$ M) einzuwaschen. Es stellte sich jedoch heraus, daß das AP unter diesen Bedingungen zu sehr supprimiert wurde bis hin zur Unerregbarkeit der Zelle, insbesondere unter hohen Reizfrequenzen. Einen ähnlichen Effekt hatten wir bei hohen Konzentrationen von Chinidin (10 mg/l = 4,3 · 10^{-5} M) beobachtet. Im Gegensatz zu den Chinidinversuchen führte jedoch C bei den mit NPA vorbehandelten Präparaten nicht zu einer Restitution des AP. Auch durch NPA wurde das Ruhemembranpotential nicht signifikant beeinflußt, während C wiederum zu einer Hyperpolarisation von −88±7 mV auf −100±3 mV führte (n = 5, p < 0,019). Bei der APD 50 und der APD 90 fanden sich auch unter NPA keine signifikanten Änderungen. Carbachol verkürzte das unter der Wirkung von NPA stehende AP von 87±14 ms auf 28±7 ms (APD 50, p < 0,001) bzw. von 167±24 ms auf 77±17 ms (APD 90, p < 0,001).

Wie Abb. 1 (unten) zeigt, beeinflußt C weder $\dot{V}_{max}$ des 1. AP nach 1 min Reizpause noch $\dot{V}_{max}$ des AP im Steady state bei 3,3 Hz. Dies trifft auch für alle anderen Reizfrequenzen zu (s. Abb. 4).

Im Gegensatz zu AJ wird der Klasse-I-Effekt von NPA durch cholinerge Stimulation also nicht reduziert.

Diskussion

In dieser Studie benutzten wir die maximale Aufstrichsgeschwindigkeit $\dot{V}_{max}$ des AP als Maß für den schnellen Na$^+$-Einstrom I$_{Na}$. Es ist jedoch bekannt, daß sich $\dot{V}_{max}$ nicht linear mit I$_{Na}$ verhält (Strichartz u. Cohen 1978; Bean et al. 1982). Da jedoch $\dot{V}_{max}$ unzweifelhaft durch den schnellen Na$^+$-Strom bestimmt wird, sind zunächst qualitative Rückschlüsse auf das Verhalten von I$_{Na}$ möglich, und es können insbesondere wertvolle Hinweise auf die Wirkung von Antiarrhythmika aus Messungen von $\dot{V}_{max}$ gewonnen werden (Hondeghem 1978).

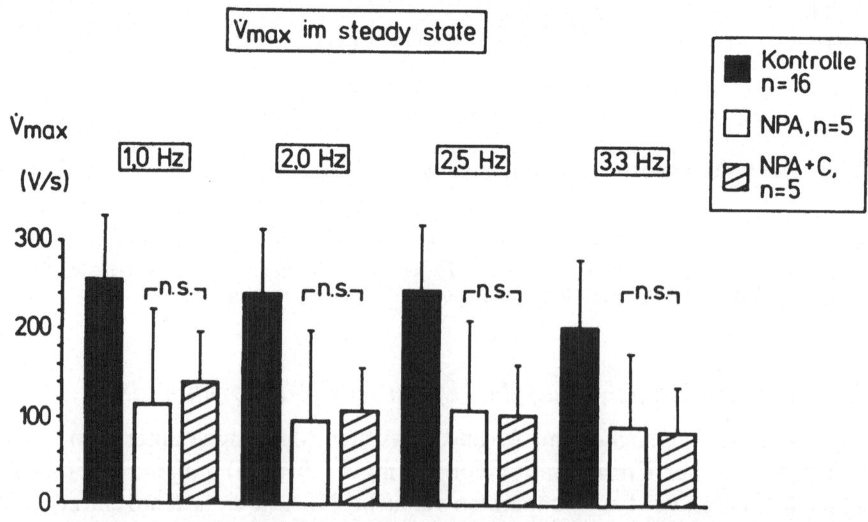

Abb. 4. Steady-state-Werte von $\dot{V}_{max}$ (±Standardabweichung) bei verschiedenen Reizfrequenzen unter Kontrollbedingungen, 0,5 mg/l NPA und nach Zugabe von 1 mg/l C

Die Wirkung von Azetylcholin auf das AP des Vorhofmyokards wurde schon vor längerer Zeit analysiert. Dabei konnte man die Hyperpolarisation und die Verkürzung der APD durch einen Anstieg der K^+-Leitfähigkeit der Membran erklären (Hutter 1961). Bei der Beeinflussung der APD spielt zusätzlich noch eine hemmende Wirkung auf den langsamen Einwärtsstrom eine Rolle (Giles u. Noble 1976).

Die von uns beobachtete Beschleunigung der Erholungskinetik von $\dot{V}_{max}$ („recovery from inactivation") ist zwanglos durch die kürzere APD und die Hyperpolarisation zu erklären: So erlaubt eine frühere Rückkehr zum Ruhepotential einen früheren Beginn der Erholung des schnellen Na^+-Systems, welches damit eher wieder aktivierbar ist. Der Effekt wird zusätzlich durch eine Beschleunigung der Kanalkinetik unter Hyperpolarisation begünstigt.

Diese indirekte Beeinflussung der Na^+-Kanäle führt zwangsläufig zu einer Verschiebung der verschiedenen Aktivitätszustände des schnellen Na^+-Systems. Bei gleicher Reizfrequenz wird der Anteil der offenen Kanäle während des Aufstrichs des AP (aktiviertes System, sog. m- und h-Tore geöffnet) gleichbleiben, während der zeitliche Anteil des inaktivierten Systems (sog. h-Tore geschlossen, m-Tore geöffnet oder geschlossen, entsprechend der Plateauphase des AP) zugunsten des ruhenden, aber aktivierbaren Membranzustandes abnimmt. Der letzte Effekt erklärt sich durch die frühere und schnellere Reaktivierung der h-Kinetik bei kürzerer APD und Hyperpolarisation.

Auf der Basis des oben erwähnten modulierten Rezeptormodells (Hille 1977; Hondeghem u. Katzung 1977, 1980) kann daraus eine Beeinflussung der Rezeptoraffinität von Klasse-I-Antiarrhythmika erwartet werden. In der Tat konnten wir kürzlich am Vorhofmyokard eine völlige Aufhebung des Klasse-I-Effekts von Lidocain nach Zugabe des Cholinergikums Carbachol beobachten (Langenfeld et al. 1989). Die Wirkung von Chinidin wurde dagegen nur reduziert.

Dabei spielen unterschiedliche Bindungseigenschaften der beiden Substanzen eine entscheidende Rolle: Im Gegensatz zu Chinidin zeigt Lidocain eine nennenswerte Affinität zum inaktivierten Na^+-Kanal (Plateau des AP). Beide Antiarrhythmika, v. a. aber Chinidin, binden dagegen während der Aktivierung des Na^+-Systems (Aufstrich des AP) und verlieren ihren Effekt mit zunehmender Hyperpolarisation (Hondeghem u. Katzung 1980). Hille (1977) führt das verschiedene Rezeptorverhalten von Antiarrhythmika auf ihre hydrophilen bzw. hydrophoben Eigenschaften zurück: Geladene Substanzen gelangen nur über den hydrophilen Weg, d. h. den offenen (aktivierten) Na^+-Kanal an ihren Rezeptor, während ungeladene Moleküle auch bei geschlossenem, inaktiviertem Na^+-System über die Lipidschicht der Membran binden können. Die Bindungseigenschaften von Lidocain und Chinidin und damit die Modifikation ihrer Wirkung durch cholinerge Beeinflussung des inaktivierten Membranzustandes werden durch ihre Löslichkeit gut erklärt. Chinidin kommt im Gegensatz zu Lidocain bei physiologischem pH nämlich weit überwiegend in ionisierter, hydrophiler Form vor (Petter 1968).

Bei den oben beschriebenen Versuchen mit AJ und NPA sahen wir nur bei der erstgenannten Substanz eine Abnahme des Klasse-I-Effekts nach Zugabe von Carbachol. Diese Ergebnisse lassen sich mühelos durch die molekularen Eigenschaften erklären: AJ liegt zwar in überwiegend ionisierter, aber zum geringeren

Teil auch in ungeladener Form vor und kann seinen Rezeptor somit über beide Wege erreichen, bindet also an den aktivierten und inaktivierten Kanal. N-Propylajmalin liegt dagegen nur in ionisierter (hydrophiler) Form vor und zeigt damit eine alleinige Affinität zum aktivierten Na^+-System. Seine Wirkung wird also nur von der Reizfrequenz, nicht aber von der APD beeinflußt, während sich beim AJ eine Reduktion der Klasse-I-Wirkung durch die cholinerg induzierte Verkürzung des AP einstellt. Dieser Effekt entspricht quantitativ etwa dem von uns beim Chinidin gefundenen, welches bei physiologischem pH-Wert etwa zu gleichem Anteil in ungeladener Form vorliegt (Petter 1968).

Ein Vergleich zwischen $\dot{V}_{max}$ des 1. AP nach einer Reizpause von 1 min und $\dot{V}_{max}$ des entsprechenden AP nach 20 Reizen im Steady state zeigt, daß beim AJ nur die Austrichsgeschwindigkeit des letzteren AP unter Carbachol signifikant ansteigt (Abb. 1). Daraus mag deutlich werden, daß der cholinerge Effekt auf die Wirkung von AJ sich erst durch die zunehmende Verkürzung der APD und damit des inaktivierten Membranzustandes im Verlauf der Reizsequenz einstellt. Ähnliche Ergebnisse wurden von Khodorov u. Zabarovskaya am Nerven (1983) berichtet.

In unseren Untersuchungen konnten wir zeigen, daß durch cholinerge Stimulation am Vorhofmyokard nicht nur der Klasse-I-Effekt von Lidocain und Chinidin, sondern auch der von AJ deutlich reduziert wird. Die antiarrhythmische Wirkung des rein hydrophilen quarternären Amins NPA zeigt dagegen keine cholinerge Beeinflußbarkeit. Die Effekte erklären sich v. a. durch eine cholinerg induzierte Verkürzung der APD und damit des inaktivierten Zustandes des schnellen Na^+-Systems. Dadurch wird die Rezeptoraffinität lipophiler Substanzen vermindert.

Eine Bedeutung dieser Effekte für die Klinik ist durchaus denkbar und sollte der Gegenstand zukünftiger klinischer Untersuchung sein.

Zusammenfassung

Cholinerge Substanzen verkürzen das Aktionspotential und hyperpolarisieren das Ruhepotential des Vorhofmyokards. Auf den schnellen Na^+-Strom haben sie zwar keinen direkten Einfluß, können jedoch die Rezeptoraffinität von Antiarrhythmika der Klasse I durch Verkürzung der Dauer des inaktivierten Membranzustandes während der Plateauphase des Aktionspotentials reduzieren. Erst kürzlich konnten wir zeigen, daß durch die cholinerge Substanz Carbachol die Wirkung von Lidocain vollständig und die von Chinidin teilweise aufgehoben wird. In der vorliegenden Versuchsreihe prüften wir den Einfluß von Carbachol ($1 \ mg/l = 6{,}7 \cdot 10^{-6}$ M) auf das intrazelluläre Aktionspotential von mit Ajmalin (Gilurytmal, $1 \ mg/l = 2{,}1 \cdot 10^{-6}$ M) oder N-Propylajmalin (Neo-Gilurytmal, $0{,}5 \ mg/l = 10^{-6}$ M) vorbehandelten Vorhofpräparaten des Kaninchens. Dabei galt die maximale Aufstrichgeschwindigkeit $\dot{V}_{max}$ des Aktionspotentials bei verschiedenen Reizfrequenzen (1,0, 2,0, 2,5 und 3,3 Hz) als qualitatives Maß für das Verhalten des schnellen Na^+-Stroms.

Ergebnisse

Nach Zugabe von Carbachol stieg $\dot{V}_{max}$ der unter dem Einfluß von Ajmalin stehenden Präparate bei den Reizfrequenzen 2,0, 2,5 und 3,3 Hz signifikant um etwa 50% an, erreichte jedoch nicht wie beim Lidocain den Kontrollwert. Der Klasse-I-Effekt von N-Propylajmalin war durch Carbachol nicht signifikant zu beeinflussen.

Schlußfolgerung

Da Ajmalin ebenso wie Lidocain und Chinidin sowohl in geladener (hydrophiler) als auch ungeladener (lipophiler) Form vorliegt, kann es auch bei geschlossenem Na^+-Kanal während des inaktivierten Membranzustandes über die Lipidphase der Membran an seinen Rezeptor gelangen. Die Wirkung dieser Substanzen wird also durch die cholinerge Verkürzung des Aktionspotentials aufgehoben oder abgeschwächt. N-Propylajmalin dagegen ist als quarternäres Amin ständig geladen (hydrophil) und kann seinen Rezeptor nur über den geöffneten Na^+-Kanal während des aktivierten Zustandes des Na^+-Systems (Aufstrich des Aktionspotentials) erreichen. Diese aktivierte Membranphase wird aber durch Cholinergika nicht beeinflußt.

Literatur

Bean BP, Cohen CJ, Tsien RW (1982) Block of cardiac sodium channels by tetrodotoxin and lidocaine. Sodium current and V_{max} experiments. In: Paes de Carvalho A, Hoffman BF, Lieberman M (eds) Normal and abnormal conduction in the heart. Futura, New York, pp 189–206

Giles WR, Noble SJ (1976) Changes in membrane currents in bullfrog atrium produced by acetyl choline. J Physiol 261:103–123

Heistracher P (1964) Elektrophysiologische Untersuchung über den Mechanismus der Wirkung eines Antifibrillans auf die Anstiegsteilheit des Aktionspotentials von Purkinje-Fasern. Pflügers Arch 279:305–329

Hille B (1977) Local anesthetics: Hydrophilic and hydrophobic pathways to the drug receptor reaction. J Gen Physiol 69:497–515

Homburger H, Antoni H (1974) Elektrophysiologische Untersuchungen über die Wirkung von N-n-Propyl-ajmalinium-hydrogentartrat (NPAB) auf das isolierte Vorhofmyokard des Meerschweinchens. Drug Res 24:1–12

Hondeghem LM (1978) Validity of V_{max} as a measure of the sodium current in cardiac and nervous tissues. Biophys J 23:147–152

Hondeghem LM, Katzung BG (1977) Time- and voltage-dependent interactions of antiarrhythmic drugs with cardiac sodium channels. Biochim Biophys Acta 472:373–398

Hondeghem LM, Katzung BG (1980) Test of a model of antiarrhymic drug action. Circ Res 61:1217–1224

Hutter OF (1961) Ion movements during vagus inhibition of the heart. In: Florey E (ed) Nervous inhibition. Pergamon, Oxford, pp 114–123

Khodorov BI, Zabarovskaya LD (1983) Blockade of sodium and potassium channels in the node of ranvier by ajmaline and n-propyl ajmaline. Gen Physiol Biophys 2:233–268

Langenfeld H, Köhler C, Haverkampf K, Kochsiek K (1989) Electrophysiological interactions between carbachol and class I antiarrhythmic drugs (Lidocaine, Quinidine) – Experimental studies in rabbit atrial myocardium. Basic Res Cardiol 84:55–62

Petter A (1968) Zusammenhänge zwischen der Basizität und der Wirkung von Chinidin, Ajmalin, Procainamid und Spartein. In: Holzmann M (Hrsg) Herzrhythmusstörungen. Neue experimentelle, klinische und therapeutische Gesichtspunkte. Schattauer, Stuttgart New York, S 114–121

Strichartz GR, Cohen I (1978) V_{max} as a measure of Gna in nerve and cardiac membranes. Biophys J 23:153–156

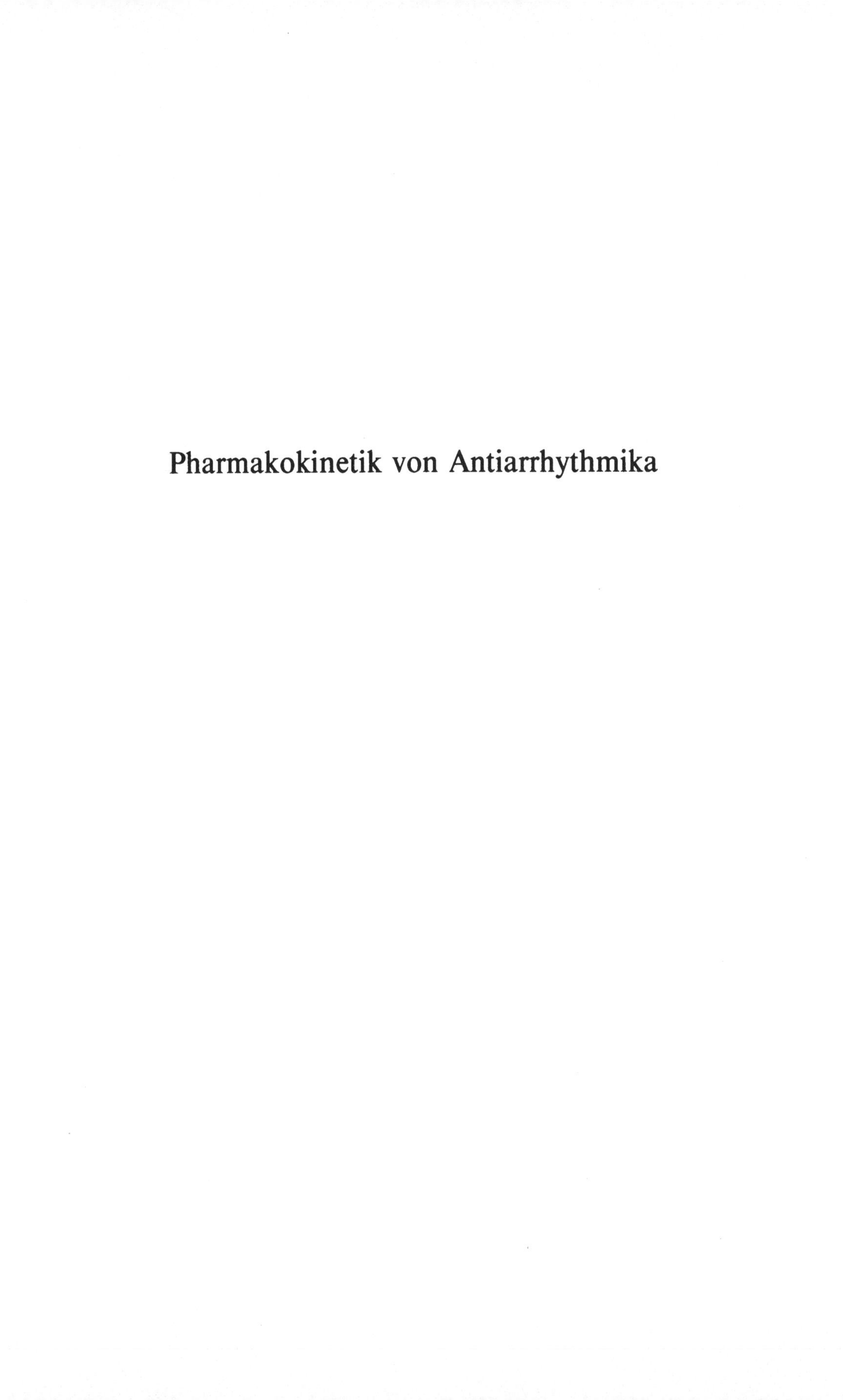

Pharmakokinetik von Antiarrhythmika

Klinische Pharmakokinetik von Klasse-I-Antiarrhythmika*

G. Mikus, K. Mörike

Therapeutisch wichtige pharmakokinetische Parameter

Die Behandlung mit Antiarrhythmika ist mit der Gefahr kardialer Nebenwirkungen belastet (Seipel 1988). Das Risiko der gefürchteten proarrhythmischen (paradoxen) Wirkung ist bei hohen Plasmaspiegeln erhöht (Woosley u. Roden 1987). Wegen des engen therapeutischen Bereiches der Plasmakonzentrationen sind Kenntnisse der Pharmakokinetik von Antiarrhythmika von besonderer Bedeutung. In der Regel genügen nur wenige Basisparameter, um ein Arzneimittel pharmakokinetisch zu charakterisieren (Benet u. Sheiner 1985). Dazu gehören die *Bioverfügbarkeit,* das *Verteilungsvolumen* und das Ausmaß der *Proteinbindung* sowie die *Clearance.* Für gebräuchliche Antiarrhythmika der Klasse I sind diese Parameter in Tabelle 1 gelistet.

Bioverfügbarkeit (F)

Unter der absoluten Bioverfügbarkeit F_{abs} versteht man das Ausmaß und die Geschwindigkeit, mit der der therapeutisch wirksame Bestandteil eines Arzneimittels nach extravasaler Applikation aus der Formulierung freigesetzt, resorbiert und am Wirkort verfügbar wird. Bei extravasaler Applikation kann F_{abs} sowohl durch unvollständige Absorption als auch durch Metabolismus bei der ersten Passage („first-pass") durch Darmwand und Leber vermindert werden.

Verteilungsvolumen (V_D)

Unter V_D versteht man das Flüssigkeitsvolumen, das zur Auflösung der gesamten Arzneimittelmenge erforderlich wäre, um dieselbe Konzentration zu erhalten wie die im Plasma gefundene. V_D kann das Körpervolumen weit übertreffen, wenn das Arzneimittel in bestimmten Geweben angereichert wird. Die Geschwindigkeit der Verteilung in bestimmte Gewebe hängt wesentlich von deren Durchblutung ab. Dies ist einer der Gründe, weshalb Herzinsuffizienz das pharmakokinetische Verhalten deutlich verändern kann (Woosley et al. 1986). Die Lage des Verteilungsgleichgewichts wird durch die physikochemischen Eigenschaften des Arzneimittels bestimmt. Außerdem wird V_D durch Alter, Ge-

* Die Arbeiten aus dem Dr.-Margarete-Fischer-Institut für Klinische Pharmakologie wurden von der Robert-Bosch-Stiftung, Stuttgart, unterstützt.

Tabelle 1. Pharmakokinetische Parameter von Klasse-I-Antiarrhythmika. $t_{1/2}$ terminale Eliminationshalbwertszeit, F Bioverfügbarkeit, f_u ungebundene Arzneimittelfraktion im Plasma, CL totale Plasmaclearance, $Ae(\infty)$ unverändert im Urin ausgeschiedene Arzneimittelmenge, V_D Verteilungsvolumen, * für Normalmetabolisierer, ** für defiziente Metabolisierer

Substanzen (Handelsnamen)	$t_{1/2}$ [h]	F [%]	$Ae(\infty)$ [%]	f_u [%]	CL [mL/min]	V_D [L/kg]	Razemat	Bemerkungen
Chinidin (z. B. Chinidin-Duriles)	$7,3 \pm 1,8$	80 (Sulfat) 70 (Glukonat)	35 ± 6	10	330 ± 130	$2,7 \pm 1,2$	Nein	Dextroisomer des Chinins
Disopyramid (z. B. Norpace)	6–8	83 ± 11	55 ± 6	12–68	90 ± 50	0,5–1,2	Ja	f_u konzentrationsabhängig
Procainamid (z. B. Novocamid)	$3,0 \pm 0,6$	83 ± 16	50	84	400–720	$1,9 \pm 0,3$	Nein	Genetischer Azetylierungspolymorphismus
N-Propylajmalin (Neo-Gilurytmal)	$2,2 \pm 0,6$* $12,0 \pm 0,6$**	78	4 ± 3* 34 ± 2**	10–20	650* 80**	3,0	Ja	Genetischer Polymorphismus (Spartein-Typ)
Cibenzolin	6–15	85	60	40	536 ± 193	$6,5 \pm 3,0$	Ja	
Lidocain (z. B. Xylocain)	$1,8 \pm 0,4$	35 ± 11	2 ± 1	30	650 ± 170	$1,1 \pm 0,4$	Nein	$Ae(\infty)$ pH-abhängig
Tocainid (Xylotocan)	11–15	84–87	38 ± 7	88	190 ± 35	1,6–2,9	Ja	
Mexiletin (Mexitil)	6–12	87 ± 13	20 50 (pH 5,0)	37	350–770	5,0–6,6	Ja	$Ae(\infty)$ pH-abhängig
Flecainid (Tambocor)	7–23* 10–50**	90–95	15–50* 25–75**	42–68	600 ± 200* 200 ± 100**	9	Ja	$Ae(\infty)$ und $t_{1/2}$ pH-abhängig Genetischer Polymorphismus (Spartein-Typ)
Encainid	2,3* 11,3**	30* 85**	5* 40**	30* 22**	1900* 180**	5,2* 2,5**	Ja	Genetischer Polymorphismus (Spartein-Typ)
Propafenon (Rytmonorm)	5,5* 17,2**	4,8–12	<1	5–10	1100* 260**	2–3	Ja	F dosisabhängig Genetischer Polymorphismus (Spartein-Typ)
Lorcainid (Remivox)	$7,7 \pm 2,2$	1–100	<2	17 ± 3	1002 ± 304	$7,8 \pm 2,9$	Nein	F dosisabhängig

schlecht, Hydratationszustand, Plasmaproteinkonzentration und -zusammensetzung beeinflußt (Klotz 1984).

Clearance (CL)

Zur Beschreibung der Art, wie sich der Organismus eines Arzneimittels wieder entledigt, eignet sich die Clearance. Die Gesamtplasmaclearance gibt diejenige Plasmamenge an, die pro Zeiteinheit von dem Arzneimittel vollständig „geklärt" wird. Sie stellt die Summe der Clearances aller an der Elimination beteiligten Organe dar, insbesondere der Leber (hepatische Clearance) und der Nieren (renale Clearance). Funktionsstörungen eines Organsystems wirken sich um so stärker auf die Elimination aus, je größer dessen Anteil an der Gesamtclearance ist. CL ist der wichtigste aller pharmakokinetischen Parameter. Denn sie ist die einzige körpereigene Größe, die die Steady-state-Plasmakonzentration (C^{ss}) festlegt:

$$CL = (F \cdot D)/(C^{ss} \cdot \tau)$$
$$[\text{wobei } D = \text{Dosis und } \tau = \text{Dosierungsintervall}].$$

Halbwertszeit ($t_{1/2}$)

Dieser Begriff wird meist im Sinne von „Plasmaeliminationshalbwertszeit" verwendet. Damit wird die Zeit bezeichnet, in der die Plasmakonzentration um 50% vermindert wird. Obwohl $t_{1/2}$ die vertrauteste pharmakokinetische Größe ist, so ist ihre Aussagekraft begrenzt. Denn sie wird sowohl durch CL als auch durch V_D determiniert (Greenblatt 1985). Sind aufgrund einer Krankheit CL und V_D gleichzeitig vermindert, so bleibt $t_{1/2}$ unverändert: $t_{1/2} = 0{,}693 \cdot V_D/CL$.

Über die Wirkdauer eines Medikaments gibt $t_{1/2}$ nicht unmittelbar Auskunft, da nach einer höheren Dosis wirksame Plasmakonzentrationen über einen längeren Zeitraum bestehen, ohne daß sich $t_{1/2}$ ändert.

Proteinbindung

Medikamente liegen im Plasma zu einem bestimmten Prozentsatz an Proteine gebunden vor. Für die pharmakologische Wirkung steht nur der freie Anteil (f_u) zur Verfügung (Svensson et al. 1986). Dieser freie Anteil hängt von der Konzentration und Zusammensetzung der Plasmaproteine ab. Deshalb kann f_u bei Erkrankungen anders sein als beim Gesunden. Dann ändert sich auch der „therapeutische Bereich" für Plasmakonzentrationen.

Einflüsse auf pharmakokinetische Charakteristika

Die Funktionsfähigkeit der Organe, die an der Elimination beteiligt sind, nimmt beim Erwachsenen mit zunehmendem *Alter* physiologischerweise ab. Dies gilt insbesondere für die Niere (Dettli 1987). Auch Verteilungsvolumen und Proteinbindung bestimmter Pharmaka können sich altersabhängig ändern (Greenblatt et al. 1986). Bei bestimmten *Krankheitszuständen* können sich die pharmakokinetischen Eigenschaften wesentlich von denen beim Gesunden unterscheiden (Klotz 1984). Hierzu gehören in erster Linie

- Niereninsuffizienz bei vorwiegend renal eliminierten Arzneimitteln,
- Leberzirrhose bei vorwiegend hepatisch eliminierten Medikamenten bzw. solchen mit hohem hepatischen First-pass-Metabolismus,
- Herzinsuffizienz mit dadurch verminderter Perfusion eliminierender Organe (Shammas u. Dickstein 1988).

Genetische Polymorphismen im Metabolismus

Etwa 6,5% der Bevölkerung in der Bundesrepublik Deutschland, also ca. 4 Mio. Personen, weisen eine erblich bedingte Einschränkung im oxidativen Metabolismus einiger Arzneimittel auf (Eichelbaum 1983). An dem Antiarrhythmikum Spartein wurde dieses Phänomen erstmals beschreiben (Eichelbaum et al. 1975). Propafenon, Flecainid und N-Propylajmalin gehören zu den heute meistverwendeten Antiarrhythmika. Deren Metabolismus ist demselben Polymorphismus unterworfen. Dieses unterschiedliche Metabolisierungsverhalten ist bislang in der klinischen Praxis nicht berücksichtigt worden, so daß defiziente Metabolisierer unter einer üblichen Dosierung extrem hohe Plasmaspiegel mit dem Risiko proarrhythmischer und anderer Nebenwirkungen entwickeln können. Umgekehrt besteht für schnelle Metabolisierer die Gefahr der Unterdosierung. Die Phänotypisierung mit dem Spartein-Test vor Beginn solcher Therapien vermag diese Risiken zu minimieren.

Die Azetylierung von Procainamid unterliegt ebenfalls einem genetischen Polymorphismus (Weber u. Hein 1985).

Stereoisomerie

Die Moleküle fast aller Antiarrhythmika der Klasse I weisen asymmetrische C-Atome auf, so daß 2 oder mehr Stereoisomere existieren (Abb. 1). Die meisten dieser Arzneimittel werden nicht in stereochemisch reiner Form, sondern als Razemate angeboten. Es gibt keinen Grund, *a priori* von pharmakodynamischer oder pharmakokinetischer Gleichheit der Kombinationspartner auszugehen (Drayer 1988). So führt die Stereoselektivität des Metabolismus dieser Pharmaka zu verschiedenen Konsequenzen (Eichelbaum 1988). Kompliziert wird die Situation dadurch, daß diese Stereoselektivität im Metabolismus bei defizienten Metabolisierern fehlen kann.

Generell sind daher Angaben über razemische Arzneimittel nur begrenzt aussagekräftig, sofern sie auf *Gesamtplasmaspiegeln* beruhen und nicht zwischen den einzelnen Stereoisomeren differenzieren (Ariens 1984). Bisher sind nur für wenige dieser Arzneimittel solche Untersuchungen durchgeführt worden. Die dafür erforderliche stereoselektive Analytik ist methodisch anspruchsvoll.

Pharmakokinetische Interaktionen mit anderen Arzneimitteln

Nicht alle Wechselwirkungen zwischen gleichzeitig verabreichten Pharmaka sind klinisch relevant (McInnes u. Brodie 1988). Da Antiarrhythmika einen engen therapeutischen Index aufweisen und es bei ihrer Anwendung schwierig ist, die individuelle Wirksamkeit einer Dosierung zu definieren, ist ihre therapeutische Anwendung für Interaktionsprobleme anfällig.

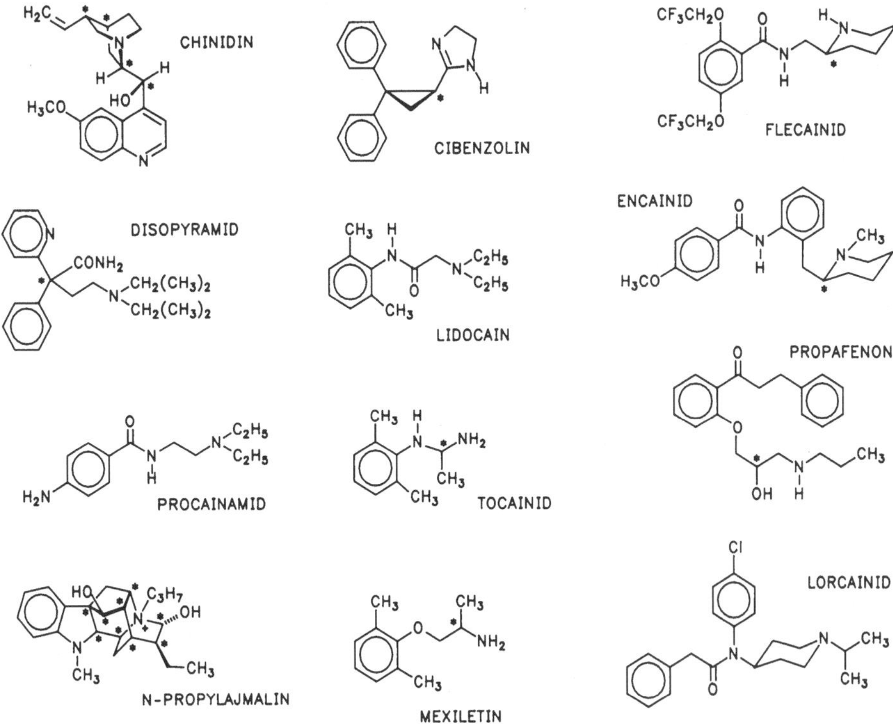

Abb. 1. Strukturformeln der wichtigsten Klasse-I-Antiarrhythmika. (Mit * sind die asymmetrischen C-Atome gekennzeichnet)

„Therapeutic Drug Monitoring"

Aus den oben diskutierten Gründen ist es sinnvoll, bei einer antiarrhythmischen Therapie solche Plasmaspiegel anzustreben, die als wirksam und möglichst nebenwirkungsarm gelten (Kates 1983). Für einige Antiarrhythmika ist die Plasmaspiegelbestimmung bereits gebräuchlich. Einschränkend muß jedoch erwähnt werden, daß die derzeit breit einsetzbaren Analysenmethoden weder die einzelnen Stereoisomere noch den freien (protein-ungebundenen) Anteil separat erfassen.

Die wichtigsten Antiarrhythmika der Klasse I

Chinidin [6'-Methoxycinchonan-9-ol]

Chinidin ist eines der ältesten heute noch häufig benutzten Antiarrhythmika und kann intravenös, intramuskulär und oral verabreicht werden. Für die orale Anwendung stehen Chinidinsulfat und -glukonat zur Verfügung, deren Bioverfügbarkeit 80 bzw. 70% beträgt (Greenblatt et al. 1977). Die Eliminationshalbwertszeit liegt bei 7,3 h. Nach intravenöser Applikation werden 35% der Dosis als unveränderte Substanz renal ausgeschieden, nach oraler Gabe sind es 28% des Sulfats und 23% des Glukonats. Die Elimination von Chinidin erfolgt hauptsächlich durch Metabolismus zum Chinidin-*N*-oxid, 3-OH-Chinidin und Chinidin-10-11-dihydrodiol. 3-OH-Chinidin zeigt dabei eine im Vergleich zu Chinidin längere Halbwertszeit (12,6 h) und in etwa die gleiche antiarrhythmische Potenz, so daß nach Applikation von Chinidin sein Metabolit 3-OH-Chinidin zur antiarrhythmischen Wirkung beitragen kann (Vozeh et al. 1985). Der therapeutisch wirksame Chinidinserumspiegel liegt bei 2–6 mg/L. Die Chinidinausscheidung kann durch Ansäuerung des Urin-pH beschleunigt werden.

Chinidin weist einerseits aufgrund seiner Bindung an Cytochrom P_{450} ein außerordentlich starkes Interaktionspotential auf. Besonders relevant ist die Tatsache, daß davon auch andere Antiarrhythmika wie Ajmalin oder Metoprolol betroffen sind. Die Interaktion mit Digoxin ist seit einigen Jahren bereits bekannt und wegen des Risikos der Digitalisintoxikation ebenfalls von therapeutischer Bedeutung, da diese Substanzen bei Tachyarrhythmia absoluta oft zusammen verwendet werden. Andererseits können Medikamente wie Phenytoin oder Rifampizin durch Enzyminduktion die Wirkdauer von Chinidin verkürzen.

Disopyramid
[4-Diisopropyl-amino-2-phenyl-2-(2-pyridyl)-butyramid]

Disopyramid gehört zur Klasse Ia mit ähnlichem pharmakologischen Profil wie Chinidin und wird als razemisches Gemisch aus (+)-S- und (−)-R-Disopyramid verabreicht. Dabei besitzt das (+)-S-Enantiomer eine wesentlich stärkere antiarrhythmische Wirkung (Lima et al. 1985). Disopyramid wird nach oraler Gabe schnell und nahezu komplett resorbiert, die Bioverfügbarkeit beträgt 80–85%, die Eliminationshalbwertszeit liegt bei 6–8 h und ist bei Patienten mit verminderter Herzauswurfleistung verdoppelt (Woosley u. Funck-Brentano 1988). Etwa 50% der verabreichten Dosis werden unverändert renal ausgeschieden.

N-Dealkyldisopyramid ist als Hauptmetabolit pharmakologisch aktiv (Siddoway u. Woosley 1986). Eine wesentliche Besonderheit des Disopyramid ist seine sättigbare konzentrationsabhängige Proteinbindung, die für das Razemat zwischen 32 und 88% variiert. Die Proteinbindung ist für (+)-S- höher als für das (−)-R-Enantiomer, was im Hinblick auf die unterschiedliche Wirkpotenz der Enantiomere von Bedeutung ist.

Phenytoin, Rifampizin und Phenobarbital induzieren den Metabolismus von Disopyramid, so daß die Elimination beschleunigt ist. Bei Patienten mit eingeschränkter Nieren- oder Leberfunktion ist die Disopyramidelimination verlangsamt.

Procainamid [4-Amino-N-(2-[diäthylamino]äthyl)benzamid]

Procainamid wird nach oraler Einnahme nahezu vollständig resorbiert. Die Halbwertszeit für die ß-Phase der Elimination beträgt durchschnittlich 3 h, V_D liegt bei 2 L/kg. Die Plasmaproteinbindung beträgt etwa 15% bei therapeutischen Spiegeln (Karlsson 1978). Etwa 50% einer Dosis werden unverändert renal ausgeschieden. Die Metabolisierung verläuft hauptsächlich zum *N*-Azetylprocainamid (NAPA) – ein Vorgang, der demselben genetischen Polymorphismus unterliegt wie die Isoniazidazetylierung. Langsame Azetylierer haben ein erhöhtes Risiko, ein medikamentös induziertes Lupus-erythematodes-Syndrom zu entwikkeln.

NAPA ist ebenfalls antiarrhythmisch wirksam. Es wird zu etwa 15% einer Procainamiddosis im Urin gefunden. Die renale Clearance von Procainamid liegt beim Gesunden im Bereich zwischen 179 und 600 mL/min, im Mittel bei 240 mL/min (Grasela u. Sheiner 1984). Bei Herzinsuffizienz ist V_D kleiner als beim Gesunden (1,5 L/kg statt 2 L/kg), infolge „low-output" kann außerdem die renale Clearance vermindert sein. Bei Patienten mit terminaler Niereninsuffizienz ist die Plasmahalbwertszeit von 2,85 auf 10–12,5 h verlängert (Karlsson 1978), die NAPA-Elimination ist noch stärker eingeschränkt. Aufgrund der rückläufigen Nierenfunktionsleistung ist auch im höheren Alter mit verzögerter Elimination zu rechnen.

Insgesamt ist das individuelle pharmakokinetische Verhalten von Procainamid schwer vorhersagbar. Der therapeutische Bereich der Plasmakonzentration liegt bei 4–10 mg/L.

Ajmalin [Ajmalan-17,21-diol] und *N-Propylajmalinbitartrat(NPAB)*-[17,21-alpha-Dihydroxy-4-propylajmalanium-bitartrat]

Über Ajmalin gibt es keine umfassende pharmakokinetische Untersuchung (Wettrell u. Andersson 1986). Es wird in hohem Maß metabolisiert, die Halbwertszeit ist mit 10–15 min kurz. Da nach oraler Gabe keine ausreichende Bioverfügbarkeit erzielt wird, kommt es nur für die parenterale Anwendung in Betracht.

N-Propylajmalinbitartrat (NPAB) besitzt dagegen eine gute (78%) Bioverfügbarkeit (Hausleiter et al. 1982). V_D beträgt 204 L (Trompler et al. 1983). Im Arzneimittel liegt NPAB als Gemisch zweier Diastereoisomere vor, des *i*- (55%) und des *n*-NPAB (45%).

Der Spartein-/Debrisoquin-Polymorphismus ist von zentraler Bedeutung für den Metabolismus von NPAB. Die metabolische Clearance (CL_m) ist bei defizienten Metabolisierern um den Faktor 13 niedriger als bei Metabolisierern (0,71 mL/min/kg bzw. 9,1 mL/min/kg). Die $t_{1/2}$ wurde mit 12,0 h für defiziente Metabolisierer und mit 2,2 h für Metabolisierer ermittelt. Bei Metabolisierern unterscheiden sich die CL_m der beiden Diastereomere um den Faktor 4 (24,6 mL/min/kg für *i*-NPAB bzw. 6,0 mL/min/kg für *n*-NPAB), während diese Stereoselektivität bei defizienten Metabolisierern aufgehoben ist (Zekorn et al. 1985). Die orale Gesamtclearance unterscheidet sich zwar „nur" um den Faktor 8,4 – dies ist durch die bei defizienten Metabolisierern kompensatorisch vermehrte renale Ausscheidung zu erklären (bei defizienten Metabolisierern 37,9% für *i*-NPAB, 29,7% für *n*-NPAB und bei Metabolisierern 1,48% bzw. 6,4%). Dennoch ist offensichtlich, daß der Dosisbedarf dieser Bevölkerungsgruppen nicht identisch sein kann. Die Diastereoisomere unterscheiden sich nicht in ihrer antiarrhythmischen Wirksamkeit, wohl aber in der Proteinbindung (Mörike et al., in Vorbereitung), so daß sie unterschiedlichen Anteil an der Gesamtwirkung haben.

Die Metabolite sind bislang nicht näher charakterisiert und konnten deshalb nicht auf pharmakologische Aktivität untersucht werden.

Der therapeutische Bereich der Plasmaspiegel ist bislang nicht exakt festzulegen, beginnt aber in der Größenordnung von 0,1 mg/L (Trompler et al. 1983).

Cibenzolin [4,5-Dihydro-2-(2,2-diphenylcyclopropyl)-1-H-imidazol]

Nach oraler Gabe wird Cibenzolin fast vollständig resorbiert, und die Bioverfügbarkeit ist mit ca. 85% hoch. Die Proteinbindung beträgt etwa 60%. Nach oraler Applikation werden ca. 60% der Dosis unverändert im Urin ausgeschieden. Die Eliminationshalbwertszeit beträgt 6–15 h (Massarella et al. 1987), bei Arrhythmiepatienten sind Halbwertszeiten von 7,6–22,3 h gemessen worden (Brazzell et al. 1985). Im höheren Alter und bei Patienten mit reduzierter Nierenfunktion ist mit längeren $t_{1/2}$ und deswegen mit Kumulation zu rechnen, weshalb die Dosis reduziert werden sollte. Dagegen scheint Herzinsuffizienz die Pharmakokinetik von Cibenzolin nicht wesentlich zu beeinflussen (Massarella et al. 1987). Die totale Clearance beträgt beim Gesunden 536 mL/min, das Verteilungsvolumen 6,5 L/kg. Über relevante Interaktionen mit Cibenzolin liegen bislang keine Berichte vor (Nestico et al. 1988). Der therapeutische Bereich der Plasmakonzentration liegt bei 0,2–0,4 mg/L (Brazzell et al. 1985). Pharmakokinetische Untersuchung, die den razemischen Charakter des Arzneimittels berücksichtigen, sind uns bislang nicht bekannt.

Lidocain [2-(Diethylamino)-N-(2,6-dimethylphenyl)acetamid]

Kennzeichnend für die Substanz ist die weite interindividuelle Variabilität der pharmakokinetischen Eigenschaften, wodurch die Vorhersagbarkeit eines Dosisbedarfs sehr schwierig wird (Benowitz u. Meister 1978). Lidocain ist aufgrund eines ausgeprägten hepatischen First-pass-Metabolismus oral nur sehr wenig bioverfügbar (etwa 35%), so daß ausschließlich die parenterale Applikation sinnvoll ist. Die Plasmaproteinbindung beträgt ca. 70% bei üblichen Lidocainplasmakonzentrationen und verringert sich bei höheren Spiegeln. Eliminiert wird Lidocain überwiegend durch hepatischen Stoffwechsel, wobei Metabolite mit antiarrhythmischer Wirksamkeit entstehen. Die renale Exkretion unveränderten Lidocains ist mit < 10% unbedeutend. Bei Urämie können die Metabolite kumulieren.

Nach schneller intravenöser Injektion wird eine initiale Abklingphase mit $t_{1/2}$ von 5–10 min beobachtet. Nach Absättigung der Gewebe tritt – wie nach wiederholter Dosierung oder bei konstanter Infusion – eine langsamere Elimination ($t_{1/2} = 80$–108 min) in den Vordergrund. V_D ist interindividuell außerordentlich variabel (46,5–157 L bei konstanter Infusion), ebenso wie die Clearance (im Mittel 650 mL/min).

Bei Patienten mit mäßiger Herzinsuffizienz ist die Clearance durchschnittlich um 46% geringer als beim Gesunden (Vozeh et al. 1984). Da auch V_D geringer sein kann, ist möglicherweise die Eliminationshalbwertszeit beim Herzinsuffizienten gleich wie beim Gesunden. Bei Patienten mit Lebererkrankungen ist die Clearance vermindert (Benowitz u. Meister 1978), bei Patienten mit alkoholischer Zirrhose um 40%.

Tocainid (2-Amino-2'-6'-propionoxilidid)

Die Bioverfügbarkeit beträgt nahezu 100%. Spitzenspiegel werden 1–1,5 h nach oraler Gabe erreicht, die Proteinbindung ist mit 2–22% niedrig. V_D liegt zwischen 1,62 L/Kg beim Gesunden und 3,2 L/kg bei Infarktpatienten (Gillis u. Kates 1984). Die Eliminationshalbwertszeit beträgt 11–15 h. Bei Niereninsuffizienz ist die Eliminationshalbwertszeit von Tocainid deutlich verländert (Wiegers et al. 1983). Bei Herzinsuffizienz wurde eine Tendenz zu höheren Plasmaspiegeln beobachtet (Mohiuddin et al. 1983).

Über Tocainid liegen Studien vor, die zwischen den Stereoisomeren differenzieren. Bei Patienten mit ventrikulären Arrhythmien beträgt die Eliminationshalbwertszeit 17 h für (+)-S- bzw. 9,3 h für (−)-R-Tocainid (Thomson et al. 1986). Die entsprechenden Werte sind vergleichbar mit an gesunden Probanden erhobenen: 9,6 h für (−)-R- und 15 h für (+)-S-Tocainid (Edgar et al. 1984).

Bei gesunden Probanden beträgt die Bioverfügbarkeit aus dem razemischen Arzneimittel 84% für (−)-R- bzw. 87% für (+)-S-Tocainid; V_D ist mit 2,03 L/kg für (−)-R-Tocainid signifikant größer als 1,76 L/kg für (+)-S-Tocainid; 30% (−)-R- bzw. 52% (+)-S-Tocainid werden unverändert im Urin ausgeschieden (Edgar et al. 1984).

Der therapeutische Bereich der Plasmakonzentrationen liegt bei 5–12 mg/L. Pharmakokinetisch begründete Interaktionen sind bislang nicht bekannt.

Mexiletin [1-Methyl-2-(2,6-xylyloxy)-äthylamin]

Da Mexiletin im sauren Milieu des Magens nicht resorbiert wird, verzögert sich die Aufnahme bei allen Begleitumständen, die die Magenentleerung verlangsamen. Anders als das strukturell eng verwandte Lidocain (vgl. Abb. 1) unterliegt es keinem signifikanten First-pass-Metabolismus. Etwa 90% einer oralen Dosis erreichen den systemischen Kreislauf. Die Spitzenspiegel im Blut werden normalerweise ca. 2 h nach oraler Gabe erreicht. Das Verteilungsvolumen beträgt 5,0–6,6 L/kg, die Proteinbindung 50–75%.

Die Eliminationshalbwertszeit beträgt beim Gesunden 6–12 h und ist bei mäßiger Niereninsuffizienz nicht signifikant verlängert. Erst bei einer Kreatininclearance < 10 mL/min ist sie signifikant länger (15,7 h). Bei Patienten mit Lebererkrankungen oder verringertem Leberblutfluß sowie bei bedeutenderen Myokardschäden kann $t_{1/2}$ verlängert sein; bei Arrhythmiepatienten beträgt sie 11–17 h (Gillis u. Kates 1984).

Mexiletin wird hepatisch zu inaktiven Endprodukten metabolisiert, während ca. 20% unverändert renal eliminiert werden; die renale Exkretion sinkt bei steigendem Urin-pH. Komedikation mit Pharmaka, die die hepatische mischfunktionelle Oxidase induzieren (z.B. Phenytoin, Rifampizin), kann den Metabolismus beschleunigen (Gillis u. Kates 1984).

Der therapeutische Bereich der Plasmakonzentration reicht von 0,75–2,0 mg/L (Breithaupt u. Schmidt 1988). Konzentrationen, die signifikant über 1,5 mg/L liegen, rufen häufig Toxizitätserscheinungen hervor (Nestico et al. 1988).

(−)-R- und (+)-S-Mexiletin zeigen in der Eliminationshalbwertszeit und in der renalen Clearance keine signifikanten Unterschiede, jedoch finden sich im

Urin fast 10mal mehr (–)-R- als (+)-S-Mexiletin-Konjugate (Grech-Bélanger et al. 1986).

Flecainid
[N-(2-piperidylmethyl)-2,5-bis-(2,2,2-trifluorethoxy)-benzamid]

Flecainid wird als Razemat sowohl intravenös als auch oral angewendet. Die Substanz besitzt eine mit 90–95% sehr hohe Bioverfügbarkeit nach oraler Gabe, die maximalen Plasmakonzentrationen werden 3–4 h nach Applikation erreicht. Die terminale Eliminationshalbwertszeit unterliegt großen interindividuellen Schwankungen (7–23 h). Es werden 15–20% der applizierten Dosis als unveränderte Substanz im Urin wiedergefunden, durch Ansäuerung kann die Elimination beschleunigt werden, und bis zu 50% werden als Flecainid ausgeschieden. Hauptmetabolite sind das meta-*O*-Dealkylflecainid und das entsprechende Laktam. Beide sind pharmakologisch aktive Substanzen, die antiarrhythmische Potenz ist jedoch wesentlich geringer als die des Flecainid selbst. Die Proteinbindung von Flecainid beträgt nur 32–47%. Da die Flecainidelimination sowohl von der Leber- als auch der Nierenfunktion abhängt, sind höhere Plasmakonzentrationen und verlängerte Halbwertszeiten (über 50 h) bei Patienten mit Lebererkrankungen oder Niereninsuffizienz beobachtet worden. Bei defizienten Metabolisierern des Spartein-/Debrisoquin-Polymorphismus werden höhere Plasmakonzentrationen, verlängerte Halbwertszeiten und Ausscheidungen von mehr als 50% der unveränderten Substanz gefunden (Beckmann et al. 1988), so daß die Flecainidtherapie bei Patienten mit diesem Defekt und zusätzlich eingeschränkter Nierenfunktion mit einem hohen Nebenwirkungsrisiko behaftet ist. Eine Reduktion der totalen Plasmaclearance wurde bei Patienten mit Herzinsuffizienz beobachtet, was zu erhöhten Plasmakonzentrationen führt. Eine gleichzeitige Amiodarontherapie führt ebenfalls zu erhöhten Flecainidplasmakonzentrationen. Es gibt Hinweise, daß Digoxin, Cimetidin und Propranolol möglicherweise zu klinisch relevanten Interaktionen mit Flecainid führen könnten.

Encainid (4-Methoxy-2′-[2-(1-methyl-2-piperidyl)äthyl]benzanilid)

Encainid gehört zur Klasse Ic (Brogden u. Todd 1987) und wird als Razemat appliziert. Daten über die Enantiomere liegen bisher nicht vor. Das pharmakokinetische Verhalten von Encainid wird durch die Bildung aktiver Metabolite und die Effekte des genetisch determinierten Polymorphismus vom Spartein-/Debrisoquin-Typ auf den Metabolismus beeinflußt (Roden u. Woosley 1988). Die maximalen Plasmaspiegel von Encainid werden nach nahezu kompletter Absorption 1–3 h nach oraler Applikation erreicht. Das Verteilungsvolumen beträgt 5,2 L/kg, die Proteinbildung liegt bei 70%. Die Elimination der Substanz erfolgt vorwiegend durch Metabolismus, einerseits zum *N*-Desmethylencainid (NDE) und andererseits zum O-Demethylencainid (ODE) und 3-Methoxy-O-demethylencainid (MODE). ODE und MODE sind beide in der gleichen Größenordnung wie Encainid selbst pharmakologisch aktiv. Der Stoffwechsel zum ODE und weiter zum MODE unterliegt einem genetisch determinierten Polymorphismus mit der Folge, daß bei defizienten Metabolisierern diese beiden Metabolite nicht oder nur in geringsten Mengen gebildet werden. Da Encainid eine Bioverfügbarkeit von 30% aufweist – bedingt durch einen hohen hepatischen First-pass-Metabolismus – bewirkt dieser Defekt einen Anstieg der Bioverfügbarkeit auf 83–88% bei defizienten Metabolisierern, einer Größenordnung, wie sie bei Lebererkrankungen beobachtet wird. Die Eliminationshalbwertszeit ist bei defizienten Metabolisierern mit 11,3 h deutlich verlängert gegenüber Normalmetabolisierern mit 2,3 h. Im Steady-state sind die Plasmakonzentrationen der beiden aktiven Metabolite ODE und MODE üblicherweise höher als die Encainidkonzentrationen. Diese Kumulation wird durch die gegenüber Encainid längere Halbwertszeit (ODE: 4–8 h; MODE: 12–20 h) bedingt.

Klinisch relevante Interaktionen mit Encainid sind derzeit nicht bekannt. Allerdings sollte eine Kombination mit anderen kardioaktiven Medikamenten wegen der Gefahr der additiven Effekte auf die Überleitung nur mit Vorsicht vorgenommen werden.

Propafenon
[2'-(2-Hydroxy-3-propylamino-propoxy)-3-phenylpropiophenon]

Die pharmakokinetischen Eigenschaften von Propafenon wurden nach oraler und intravenöser Applikation bei gesunden Probanden sowie Arrhythmiepatienten untersucht (Harron u. Brogden 1987). Propafenon wird als razemisches Gemisch von (−)-R-Propafenon und (+)-S-Propafenon verabreicht. Die antiarrhythmischen Wirksamkeit beider Enantiomere ist gleich, jedoch besitzt (+)-S-Propafenon zusätzlich eine β-sympathikolytische Wirkung. Mit den bisher verwendeten Nachweismethoden läßt sich nur das Gesamtpropafenon bestimmen. Propafenon wird nach oraler Verabreichung rasch resorbiert ($t_{max} = 2,3$ h) und zeigt bei steigender Dosis einen überproportionalen Anstieg der maximalen Plasmakonzentration und der Fläche unter der Plasmakonzentrations-Zeit-Kurve. Diese nichtlineare Beziehung zwischen Dosis und Plasmakonzentration ist wohl am ehesten durch eine Sättigung des Cytochrom-P_{450}Isoenzyms bedingt, welches den Propafenonmetabolismus katalysiert (Siddoway et al. 1987). Dementsprechend nimmt die absolute Bioverfügbarkeit mit steigender Dosis zu (4,8% bei 150 mg, 12,1% bei 300 mg) (Hollmann et al. 1983). Die Proteinbindung von Propafenon beträgt ca. 90–95%. Propafenon wird fast vollständig metabolisiert, weniger als 1% der Dosis wird unverändert in Urin und Fäzes wiedergefunden. Hauptmetabolite sind 5-Hydroxypropafenon und N-Depropylpropafenon, die beide pharmakologisch aktiv sind. Der Metabolismus zum 5-Hydroxypropafenon ist bei defizienten Metabolisierern des Polymorphismus vom Spartein-/Debrisoquin-Typ extrem eingeschränkt (Kroemer et al. 1988), so daß Propafenon während einer Dauertherapie mit üblichem Dosierungsschema kumuliert. Die terminale Eliminationshalbwertszeit liegt bei Patienten bei 6–7 h, defiziente Metabolisierer zeigen hingegen eine deutliche Verlängerung auf 17 h. Die totale systemische Clearance von Propafenon liegt bei 1,1 L/min und entspricht damit nahezu dem Leberblutfluß. Dadurch ist die niedrige absolute Bioverfügbarkeit zu erklären.

Bei Patienten mit eingeschränkter Leberfunktion werden höhere Plasmakonzentrationen entsprechend einer gesteigerten Bioverfügbarkeit beobachtet. Da Propafenon eine sehr hohe Affinität zum abbauenden Enzymsystem besitzt, zeigen alle Medikamente, die über das gleiche Enzymsystem metabolisiert werden, höhere Plasmakonzentrationen unter gleichzeitiger Propafenontherapie, was für Metoprolol exemplarisch nachgewiesen wurde (Wagner et al. 1987). Propafenon bewirkt einen Anstieg der Serumdigitalisspiegel um bis zu 100%.

Lorcainid [(*N*-4-chlorophenyl)-n-[1-(1-methyläthyl)-4-piperidenyl)-benzenacetamid]

Lorcainid gehört zur Gruppe der Klasse-Ic-Antiarrhythmika (Eiriksson u. Brogden 1984). Ähnlich wie bei Lidocain und Procainamid können mit einem i. v.-Bolus und einer anschließenden Infusion mit konstanter Rate schnell effektive Plasmakonzentrationen erreicht und erhalten werden. Nach oraler Applikation von Lorcainid zeigt sich eine dosisabhängige Bioverfügbarkeit (1–4,5% bei 100 mg; 35–65% bei 200 mg), die im Steady-state nahezu 100% erreicht. Lorcainid verteilt sich schnell in gut durchbluteten Geweben, die Konzentrationen im Herzgewebe liegen 3- bis 4mal höher als die Plasmakonzentrationen. Im Steady-state beträgt das Verteilungsvolumen ca. 5–10 L/kg. Die Proteinbindung von Lorcainid ist mit 83% sehr hoch. Lorcainid wird nahezu vollständig verstoffwechselt, weniger als 2% der Dosis wird als unveränderte Substanz im Urin wiedergefunden. Hauptmetabolite sind 4-Hydroxy-3-methoxylorcainid und Norlorcainid (*N*-Dealkylierung), wobei letzterer pharmakologisch aktiv ist und im Steady-state möglicherweise zusätzlich zur antiarrhythmischen Wirkung beiträgt. Die Eliminationshalbwertszeit von Lorcainid beträgt 7,7 h, diejenige des aktiven Metaboliten Norlorcainid 26,8 h. Daher kumuliert Norlorcainid unter Dauertherapie mit Lorcainid, und seine Plasmaspiegel sind selbst bei großen Dosisintervallen sehr konstant. Der therapeutische Bereich der Lorcainidplasmaspiegel beträgt 0,1–0,4 mg/L.

Bei älteren Patienten ist die Elimination von Lorcainid verlangsamt. Bei Patienten mit Herzinsuffizienz steigt die Halbwertszeit auf 15,6 h an und die Clearance ist um über die Hälfte vermindert, weiterhin ist die Plasmaproteinbindung reduziert, so daß bei diesen Patienten die täglich applizierte Dosis vermindert werden sollte (Somani et al. 1987). Bei Patienten mit Leberzirrhose wird ebenfalls eine Verlängerung der Eliminationshalbwertszeit beobachtet. Klinisch relevante Interaktionen mit anderen Medikamenten sind bisher nicht berichtet worden.

Literatur

Ariens E (1984) Stereochemistry, a basis for sophisticated nonsense in clinical pharmacalogy. Eur J Clin Pharmacol 26:663–668

Beckmann J, Hertrampf R, Gundert-Remy U, Mikus G, Gross AS, Eichelbaum M (1988) Is there a genetic factor in flecainide toxicity? Br Med J 297:1316

Benet LZ, Sheiner LB (1985) Pharmacokinetics: The dynamics of drug absorption, distribution, and elimination. In: Gilman AG, Goodman LS, Rall TW, Murad F (eds) Goodman and Gilman's The pharmacological basis of therapeutics, 7th edn. Macmillan, New York, pp 3–34

Benowitz NL, Meister W (1978) Clinical pharmacokinetics of lignocaine. Clin Pharmacokinet 3:177–201

Brazzell RK, Colburn WA, Aogaichi K, Szuna AJ, Somberg JC, Carliner N. Heger J et al. (1985) Pharmacokinetics of oral cibenzoline in arrhythmia patients. Clin Pharmacokinet 10:178–186

Breithaupt H, Schmidt A (1988) Behandlung mit Mexiletin. Klinische und pharmakokinetische Untersuchungen. Klin Wochenschr 66:475–481

Brogden RN, Todd PA (1987) Encainide: A review of its pharmacological properties and therapeutic efficacy. Drugs 34:519–538

Dettli L (1987) Renal elimination of drugs in the elderly. In: Rietbrock N, Woodcock B (eds) Clinical pharmacology in the aged. Vieweg, Braunschweig Wiesbaden, S 55–60

Drayer DE (1988) Problems in therapeutic drug monitoring: The dilemma of enantiomeric drugs in man. Ther Drug Monit 10:1–7

Edgar B, Heggelund A, Johansson L. Nyberg G, Regardh CG (1984) The pharmacokinetics of R- and S-tocainide in healthy subjects. Br J Clin Pharmacol 17:216P–217P

Eichelbaum M (1983) Genetische Polymorphismen des oxidativen Arzneimittelstoffwechsels. Therapeutische und toxikologische Implikationen. Internist 24:117–127

Eichelbaum M (1988) Pharmacokinetic and pharmacodynamic consequences of stereoselective drug metabolism in man. Biochem Pharmacol 37:93–96

Eichelbaum M, Spannbrucker N, Dengler HJ (1975) N-oxidation of sparteine in man and its interindividual differences. Naunyn Schmiedebergs Arch Pharmacol 287:R94

Eiriksson CE, Brogden RN (1984) Lorcainide. A preliminary review of its pharmacodynamic properties and therapeutic efficacy. Drugs 27:279–300

Gillis AM, Kates RE (1984) Clinical pharmacokinetics of the newer antiarrhythmic agents. Clin Pharmacokinet 9:375–403

Grasela TH, Sheiner LB (1984) Population pharmacokinetics of procainamide from routine clinical data. Clin Pharmacokinet 9:545–554

Grech-Bélanger O, Turgeon J, Gilbert M (1986) Stereoselective disposition of mexiletine in man. Br J Clin Pharmacol 21:481–487

Greenblatt DJ (1985) Elimination half-life of drugs: Value and limitations. Ann Rev Med 36:421–427

Greenblatt DJ, Pfeifer HJ, Ochs HR, Franke K, MacLaughlin DS, Smith TW, Koch-Weser J (1977) Pharmacokinetics of quinidine in humans after intravenous, intramuscular and oral administration. J Pharmacol Exp Ther 202:365–378

Greenblatt DJ, Abernethy DR, Shader RI (1986) Pharmacokinetic aspects of drug therapy in the elderly. Ther Drug Monit 8:249–255

Harron DWG, Brogden RN (1987) Propafenone: A review of its pharmacodynamic and pharmacokinetic properties, and therapeutic use in the treatment of arrhythmias. Drugs 34:617–647

Hausleiter HJ, Achtert G, Khan MA, Kukovetz WR, Beubler E (1982) Pharmakokinetik und Biotransformation von N-Propyl-ajmalin-hydrogentartrat beim Menschen. Eur J Drug Metab Pharmacokinet 7:329–339

Hollmann M, Brode E, Hotz D, Kaumeier S, Kehrhahn OH (1983) Investigations on the pharmacokinetics of propafenone in man. Arzneim Forsch 33:763–770

Karlsson E (1978) Clinical pharmacokinetics of procainamide. Clin Pharmacokinet 3:97–107

Kates RE (1983) Plasma level monitoring of antiarrhythmic drugs. Am J Cardiol 52:8C–13C

Klotz U (1984) Klinische Pharmakokinetik. 2. Aufl. Fischer, Stuttgart New York

Kroemer H, Mikus G, Kronbach T, Meyer UA, Eichelbaum M (1988) The in vitro metabolism of propafenone in human liver microsomes. Clin Pharmacol Ther 43 (2):134

Lima JJ, Boudoulas H, Shields, BJ (1985) Stereoselective pharmacokinetics of disopyramide enantiomers in man. Drug Metab Dispos 13:572–577

Massarella JW, Silvestri T, De Grazia F, Miwa B, Keefe D (1987) Effect of congestive heart failure on the pharmacokinetics of cibenzoline. J Clin Pharmacol 27:187–192

McInnes GT, Brodie MJ (1988) Drug interactions that matter. A clinical reappraisal. Drugs 36:83–110

Mörike K, Mikus G, Prawirohardjono W, Eichelbaum M (in preparation) N-Propylajmaline diastereoisomers: Antiarrhythmic activity in experimental reperfusion arrhythmia and protein binding

Mohiuddin SM, Esterbrooks D, Hilleman DE, Aronow WS, Patterson AJ, Sketch MH, Mooss AN, Hee TT, Reich JW (1983) Tocainide kinetics in congestive heart failure. Clin Pharmacol Ther 34:596–603

Nestico PF, Morganroth J, Horowitz LN (1988) New antiarrhythmic drugs. Drugs 35:286–319

Roden DM, Woosley RL (1988) Clinical pharmacokinetics of encainide. Clin Pharmacokinet 14:141–147

Sedman AJ, Bloedow DC, Gal J (1982) Serum binding of tocainide and its enantiomers in human subjects. Res Commun Chem Pathol Pharmacol 38:165–168

Seipel L (1988) Kardiale Nebenwirkungen von Antiarrhythmika. Z Kardiol 77:77–88

Shammas FV, Dickstein K (1988) Clinical pharmacokinetics in heart failure. An updated review. Clin Pharmacokinet 15:94–113

Siddoway LA, Thompson KA, McAllister CF, Wang T, Wilkinson GR, Roden DM, Woosley RL (1987) Polymorphism of propafenone metabolism and disposition in man: Clinical and pharmacokinetic consequences. Circulation 75:785–791

Siddoway LA, Woosley RL (1986) Clinical pharmacokinetics of disopyramide. Clin Pharmacokinet 11:214–222

Somani P, Fraker TD, Temesy-Armos PN (1987) Pharmacokinetic implications of lorcainide therapy in patients with normal and depressed cardiac function. J Clin Pharmacol 27:122–132

Svensson CK, Woodruff MN, Baxter JG, Lalka D (1986) Free drug concentration monitoring in clinical practice. Rationale and current status. Clin Pharmacokinet 11:450–469

Thomson AH, Murdoch G, Pottage A, Kelman AW, Whiting B, Hillis WS (1986) The pharmacokinetics of R- and S-tocainide in patients with acute ventricular arrhythmias. Br J Clin Pharmacol 21:149–154

Trompler AT, Woodcock BG, Bussmann WD (1983) Pharmakokinetik und antiarrhythmische Wirkung von Prajmaliumbitartrat. Arzneim Forsch 33:436–439

Vozeh S, Berger M, Wenk M, Ritz R, Follath F (1984) Rapid prediction of individual dosage requirements for lignocaine. Clin Pharmacokinet 9:354–363

Vozeh S, Uematsu T, Guentert TH, Ha HR, Follath F (1985) Kinetics and electrocardiographic changes after oral 3-OH-quinidine in healthy subjects. Clin Pharmcol Ther 37:575–581

Wagner, F. Kalusche D, Trenk D, Jähnchen E, Roskamm H (1987) Drug interaction between propafenone and metoprolol. Br J Clin Pharmacol 24:213–220

Weber WW, Hein DW (1985) N-Acetylation pharmacogenetics. Pharmacol Rev 37:25–79

Wettrell G, Andersson KE (1986) Cardiovascular drugs I: Antidysrhythmic drugs. Ther Drug Monit 8:59–77

Wiegers U, Hanrath P, Kuck KH, Pottage A, Graffner C, Augustin J, Runge M (1983) Pharmacokinetics of tocainide in patients with renal dysfunction and during haemodialysis. Eur J Clin Pharmacol 24:503–507

Woosley RL, Echt DS, Roden DM (1986) Effects of congestive heart failure on the pharmacokinetics and pharmacodynamics of antiarrhythmic agents. Am J Cardiol 57:25–33B

Woosley RL, Roden DM (1987) Pharmacologic causes of arrhythmogenic actions of antiarrhythmic drugs. Am J Cardiol 59:19E–25E

Woosley RL, Funck-Brentano C (1988) Overview of the clinical pharmacology of antiarrhythmic drugs. Am J Cardiol 61:61A–69A

Zekorn C, Achtert G, Hausleiter HJ, Moon CH, Eichelbaum M (1985) Pharmacokinetics of N-propylajmaline in relation to polymorphic sparteine oxidation. Klin Wochenschr 63:1180–1186

Klinische Prüfung von Antiarrhythmika

Probleme der klinischen Prüfung von Antiarrhythmika

T. Meinertz, M. Zehender, S. Hohnloser, H. Just

Einleitung

Trotz aller Anstrengungen ist es bis heute nicht gelungen, ein „ideales" Antiarrhythmikum (rasch und zuverlässig wirksam, nebenwirkungsarm, günstige Pharmakokinetik) zu finden. Die Suche nach neuen Wirkstoffen ist daher sinnvoll. Antiarrhythmika, die aufgrund tierexperimenteller Befunde vielversprechende Eigenschaften aufweisen, gelangen in die klinische Prüfung. Hier kommt es darauf an, möglichst rasch Information darüber zu gewinnen, ob sich die günstigen tierexperimentellen Eigenschaften auch klinisch nachweisen lassen. Diese sog. klinische Prüfung wird auch heute oft noch in Form unkontrollierter und unsystematischer Studien und damit auch unwissenschaftlich durchgeführt. Die Folge hiervon ist, daß neue Antiarrhythmika aufgrund solcher Studien häufig sowohl hinsichtlich Wirksamkeit als auch Nebenwirkungsmuster falsch eingeschätzt werden (z. B. Überschätzung der therapeutischen Wirksamkeit und Unterschätzung der Nebenwirkungen). Richtlinien für die Durchführung wissenschaftlich fundierter Studien sind nicht nur Anleitung für den Umgang mit neuen Antiarrhythmika in der Klinik, sondern zugleich auch Richtlinie für wissenschaftliches Arbeiten auf experimentell-therapeutischem Sektor.

Alle derzeit verfügbaren Antiarrhythmika zeichnen sich durch eine geringe therapeutische Breite, eine begrenzte Wirksamkeit und eine relativ große Nebenwirkungshäufigkeit aus. Dies erklärt die Schwierigkeiten der klinischen Prüfung dieser Substanzen. Es ergibt sich von selbst, daß man mit derartigen Arzneimitteln in der klinischen Prüfung besonders „vorsichtig" umgehen muß. Ein ganz anders geartetes, aber ebenso schwierig zu lösendes Problem liegt im Behandlungsgegenstand der antiarrhythmischen Therapie. Antiarrhythmika werden zur Suppression von Arrhythmien eingesetzt. Die Suppression der Arrhythmien ist jedoch kein Selbstzweck, sondern macht nur Sinn, wenn auch die möglichen klinischen Folgen der Arrhythmien (z. B. hierdurch bedingte subjektive Beschwerden, beeinträchtigte Hämodynamik, Bedrohung durch den plötzlichen Herztod) therapeutisch beeinfluß werden. Gerade diese Wirkungen sind jedoch schwer in klinischen Studien meßbar. So wird die Effektivität von Antiarrhythmika meist danach beurteilt, inwieweit einfache oder komplexe supraventrikuläre und ventrikuläre Arrhythmien therapeutisch beeinflußt werden. Erst im weiteren Verlauf der klinischen Prüfung wird die Frage zu beantworten sein, inwieweit durch ein neues Antiarrhythmikum die Beschwerden oder lebensbedrohliche Arrhythmien therapeutisch beeinflußt werden.

Voraussetzungen für den Beginn einer klinischen Prüfung

Vor Einleitung erster Versuche mit einem neuen Atniarrhythmikum beim Menschen müssen entsprechende tierexperimentelle pharmakologische, toxikologische und metabolische Studien vorliegen. Die Ergebnisse dieser Versuche müssen dokumentiert und für den klinischen Untersucher nachlesbar sein.

Der mögliche Fortschritt eines neuen Antiarrhythmikums läßt sich zwar nicht aufgrund spezieller tierexperimenteller elektrophysiologischer Befunde voraussagen, das Vorliegen solcher Befunde erscheint uns jedoch unabdingbare Voraussetzung für klinische Untersuchungen. Zu diesen speziellen elektrophysiologischen Versuchen gehören solche an isolierten kardialen Organpräparaten ebenso wie elektrophysiologische Untersuchungen am Ganztier. Mit derartigen Untersuchungen lassen sich die Wirkungen einer neuen Substanz auf das normale Reizleitungs- und Reizbildungssystem (Leitungseigenschaften und Refraktärzeiten) über einen definierten Dosisbereich nachweisen. Am Ganztier können aber auch die antiarrhythmischen Eigenschaften einer neuen Substanz unter kontrollierten Bedingungen analysiert werden: Wirkung auf infarktassoziierte Arrhythmien, Wirkung in der frühen und späten Postinfarktphase, Wirkung im chronischen Infarktstadium bei zusätzlicher Ischämie, Wirkung auf durch programmierte Elektrostimulation ausgelöste Kammertachykardien und Kammerflimmern. Leider stehen weitere allgemein zugängliche tierexperimentelle Modelle zum Studium chronischer supraventrikulärer und ventrikulärer Arrhythmien derzeit nicht zur Verfügung.

Vor Beginn klinischer Untersuchungen müssen weiterhin die wesentlichen pharmakokinetischen Eigenschaften einer neuen Substanz bekannt sein. Tierexperimentelle Daten können diesbezüglich humanpharmakokinetische nicht ersetzen. Es ist umstritten, an welcher Population die Pharmakokinetik eines neuen Antiarrhythmikums beim Menschen untersucht werden sollte.

Orientierende Humanpharmakokinetik

Prinzipiell können erste Daten zur Pharmakokinetik eines Antiarrhythmikums beim Menschen sowohl an freiwilligen Versuchspersonen als auch an Patienten gewonnen werden. Beide Vorgehensweisen haben jeweils Vor- und Nachteile. In jedem Fall sollte man bei einer ersten orientierenden Pharmakokinetik beim Menschen mit niedrigen Dosen unter schrittweiser Dosissteigerung beginnen und im vermutlich subtherapeutischen Dosisbereich verbleiben. Hierdurch läßt sich eine Gefährdung von Probanden oder „Probandenpatienten" am ehesten vermeiden. Patienten mit vorbestehenden Arrhythmien und/oder organischer Herzkrankheit weisen häufig zahlreiche, die Testung direkt und indirekt beeinflussende Imponderabilien auf und sind zusätzlich eher gefährdet. Daher neigen wir heute dazu, die orientierende Pharmakokinetik an herzgesunden Versuchspersonen ohne vorbestehende Herzerkrankung oder Arrhythmien durchzuführen. Für die Auswahl der Probanden und die Durchführung der Untersuchung gelten strenge Richtlinien. Es erscheint uns vorteilhaft, für die Versuche Versuchspersonen auszuwählen, denen dank Ausbildung und Wissensstand nicht nur auf dem Papier, sondern auch tatsächlich eine informierte Einverständniserklärung abgenommen werden kann. Hierzu zählen Ärzte, medizinisch-technisches Personal, Biologen sowie Medizin- oder Biologiestundenten. Professionelle Versuchspersonen bieten demgegenüber bekannte Nachteile. Es ist selbstverständlich, daß zur Versuchsvorbereitung dieser Probanden nicht nur eine sorgfältige Anamneseerhebung (einschließlich Arzneimittel- und/oder Drogeneinnahme, Schwangerschaft etc.) gehört, sondern auch eine orientierende kardiologisch-internistische Untersuchung einschließlich EKG, Echokardiogramm, Routinelabor, Röntgenthorax, Belastungs-EKG und Langzeit-EKG. Die klinische Prüfung selbst darf nur unter klinisch-stationären Bedingungen (Überwachungsstation), in Anwesenheit eines reanimationsgeübten Arztes und unter permanenter Beobachtung des Probanden durchgeführt werden. Die Beobachtung des Probanden am EKG-Monitor ist selbstverständlich. Zu den Zeitpunkten der Blutabnahme sollte jeweils ein Oberflächen-EKG (Papiervorschubgeschwindigkeit 50 oder 100 mm/s) abgeleitet werden. Hierdurch können schon frühzeitig problematische bzw. gefährliche Veränderungen der Leitungszeiten und des QT-Intervalls im Oberflächen-EKG erkannt werden. Diese orientierende pharmakokinetische Untersuchung sollte Daten zur Verteilungs- und Eliminationshalbwertzeit, zur totalen Clearance, zum Hauptausscheidungsmodus und zur Bioverfügbarkeit liefern. Hierzu muß das Antiarrhythmikum intravenös und oral sowohl als Einzeldosis sowie auch wiederholt oral verabreicht werden. Wirksubstanz und evtl. wirksame Hauptmetaboliten sollen ausreichend sensitiv und spezifisch im Serum und im Urin erfaßt werden. Auf der Basis dieser Daten wird das Protokoll einer orientierenden Dosisfindungsstudie festgelegt.

Orientierende Dosisfindung

Einige der Probleme antiarrhythmischer Kurzzeitstudien sind im folgenden zusammengefaßt:

Probleme bei antiarrhythmischen Kurzzeitstudien
- Häufigkeit der VES
- Spontanvariabilität der VES
- Kontrollwert (Dauer, Referenzzeitraum)
- Aktivitätsstatus des Patienten
- Form der Applikation
- Erfassungsmethode
- Beobachtungszeitraum
- Kriterien der VES-Suppression
- Intermittierende VES-Wiederzunahme

Ventrikuläre Arrhythmien zeichnen sich durch eine große Spontanvariabilität aus. Diese ist um so ausgeprägter, je seltener die Arrhythmieereignisse sind. Zur Beurteilung und statistischen Absicherung eine therapeutischen antiarrhythmischen Effektes sind daher sowohl eine gewisse Arrhythmiehäufigkeit (z. B. mehr als 30 ventrikuläre Extrasystolen im Mittel/Stunde) als auch ein längerer Beobachtungszeitraum (z. B. 24 h) notwendig. In der Regel wird man einen antiarrhythmischen Effekt nur bei Betrachtung solcher Zeiträume sicher beurteilen können. Eine Dosisfindung mit einer Einzeldosis eines Antiarrhythmikums – ob oral oder intravenös – vermag zwar einen Anhaltspunkt für eine mögliche oder wahrscheinlich effektive Einzeldosis zu geben, kann die therapeutische Effektivität im statistischen Sinne jedoch nicht beweisen – immer davon ausgehend, daß mit einer Einzeldosis sowohl die kinetische als auch die dynamische Halbwertszeit und damit auch die vermutliche Wirkdauer bei 4 bis max. 12 h liegt – (s. Abb. 1). Alternativ zu diesem Einzeldosisprotokoll – das lediglich zur Herantastung an die mögliche therapeutische Dosis dient – bietet sich schon bei der orientierenden Dosisfindung ein Protokoll mit wiederholter Dosierung an. Ein solches Protokoll ist zwar zeit- und versuchspersonenaufwendiger, gestattet aber eine Beurteilung des antiarrhythmischen Effektes auf der Basis von jeweils 2 mindestens 24stündigen Beobachtungsperioden. Im Rahmen eines solchen Versuchsprotokolls wird die Dosis des Antiarrhythmikums schrittweise so gesteigert, daß jeweils 1 oder 2 Versuchspersonen sowohl die niedrige als auch die nächsthöhere Dosis erhalten. Das Langzeit-EKG wird – eine Halbwertszeit der wirksamen Substanz von 6–12 h vorausgesetzt – jeweils am 3. oder 4. Tag nach Therapiebeginn bzw. nach Dosiserhöhung sowie unter Plazebobedingungen registriert.

Die orientierende intravenöse Dosisfindung erfordert aufgrund methodischer Probleme eine noch weiterreichendere Berücksichtigung der einzelnen Einflußgrößen:

Ein- und Ausschlußkriterien vor i.v.- und oraler Therapiephase mit Antiarrhythmikum
Einschlußkriterien: Mindestens 600 VES/h (Mittel bei 48h LZ-EKG. Mindestens 300 VES in jeder Stunde. Komplexe Arrhythmieform. Therapierefraktärität gegen mindestens 1 Antiarrhythmikum
Ausschlußkriterien: Reversible Ursache der Arrhythmien. Myokardinfarkt <6 Monate. WPW-Syndrom. Vorhofflimmern. Schenkelblock. AV-Block II. und III. Grades. Bedeutsame weitere internistische Erkrankungen

So sind u. a. zu berücksichtigen die Standardisierung der Untersuchungsbedingungen in der Vergleichs- und Therapiephase, das Problem des Vergleichs- oder Ausgangswertes (z. B. Mittelwert aus dem vorangegangenen 24 h-Langzeit-EKG, Einstundenwert vor Therapie), die hohe Spontanvariabilität komplexer Arrhythmien bei kurzen Untersuchungsintervallen und die Kontrolle der Auswaschphase nach intravenöser Applikation. Angesichts des Einflusses dieser Faktoren läßt sich allgemein feststellen, daß für die intravenöse Dosisfindung weniger Patienten mit gehäuften Arrhythmien (z. B. >600 VES/h) eine wesentlich zuverlässigere Aussage erlauben als Untersuchungen an einem größeren Patientenkollektiv mit vergleichsweise weniger Arrhythmien.

Methodisch bietet sich ein Protokoll mit jeweils 24stündigen Beobachtungsperioden zur Beurteilung des therapeutischen Effektes an. Hierbei wird zunächst unter Plazeboinfusion das Langzeit-EKG registriert und anschließend nach einem Aufsättigungsschema schrittweise die vermutlich therapeutische Plasmakonzentration erreicht. Die Infusionsgeschwindigkeiten und die angestrebten Steady-state-Plasmakonzentrationen lassen sich aufgrund der pharmakokinetischen Daten errechnen. Während dieser 6- bis 24stündigen Aufsättigungsphase wird das Langzeit-EKG aus Sicherheitsgründen registriert und der Patient am EKG-Monitor beobachtet. Die endgültige Beurteilung der Effektivität erfolgt durch den Vergleich von Plazeboperiode und einer Periode nach Erreichen der

Tabelle 1. Beschreibung der Dosierungen von Nicainoprol und der jeweiligen Kontrollintervalle bzw. -dauer nach jeweils intravenöser Bolus- und Dauerapplikation sowie oraler einmaliger und repetitiver Gabe. Während bzw. am Ende der Kontrollintervalle wurden die angeführten Kontrollparameter erfaßt

Methode	Dosierungen	Kontrollzeiten Intervall
Bolus	2 mg/kg/4 min	15 bzw. 30 min bis 4 h
Infusion	2 mg/kg/h	15 bzw. 30 min bis 8 h
Orale Gabe (einmalig)	500 mg	30 bzw. 60 min bis 12 h
Orale Gabe (einmalig nach repetitiver Gabe)	500 mg	30 bzw. 60 min bis 12 h

Kontrollparameter: Oberflächen-EKG, Langzeit-EKG, Plasmakonzentration, Nebenwirkungen, Blutdruck, Puls

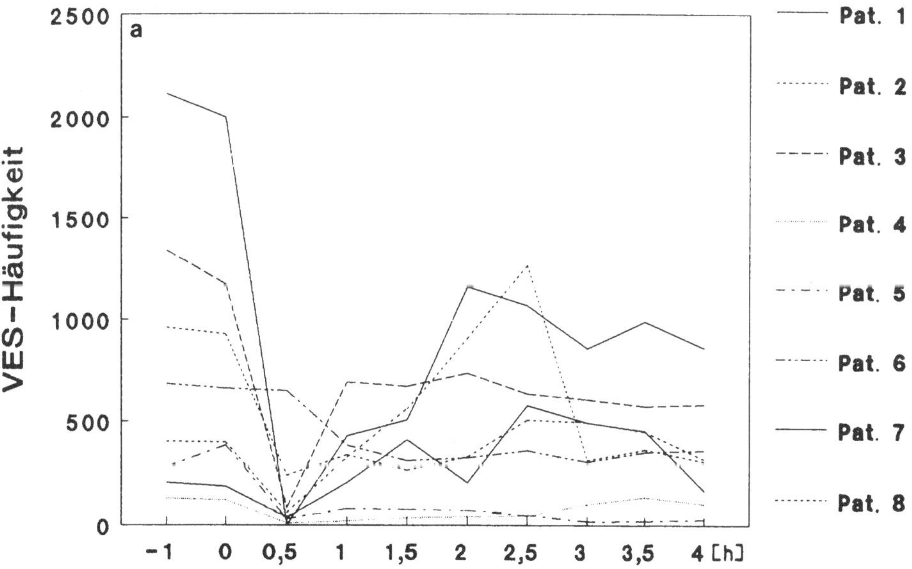

Abb. 1 a-d. Darstellung der jeweiligen Häufigkeit ventrikulärer Extrasystolen und deren Suppression zu den angegebenen Kontrollzeitpunkten (Abszisse) bei intravenöser Bolusinjektion (**a**) oder Dauerinfusion (**b**) bzw. oraler einmaliger (**c**) und repetitiver Gabe (**d**) für die 8 (7) untersuchten Patienten. (*Abb. 1 b-d.* s. S. 64 und 65)

Gleichgewichtsplasmakonzentration über jeweils 24 h. In Analogie zur oralen Dosisfindung wird dieser Versuch entsprechend bei 2–4 verschiedenen Plasmakonzentrationsniveaus durchgeführt. Diese orientierende Dosisfindung sollte bei Patienten mit nicht obligat behandlungsdürftigen und häufigen und/oder komplexen Arrhythmien (z. B. mehr als 30/h im Mittel über 24 h) durchgeführt wer-

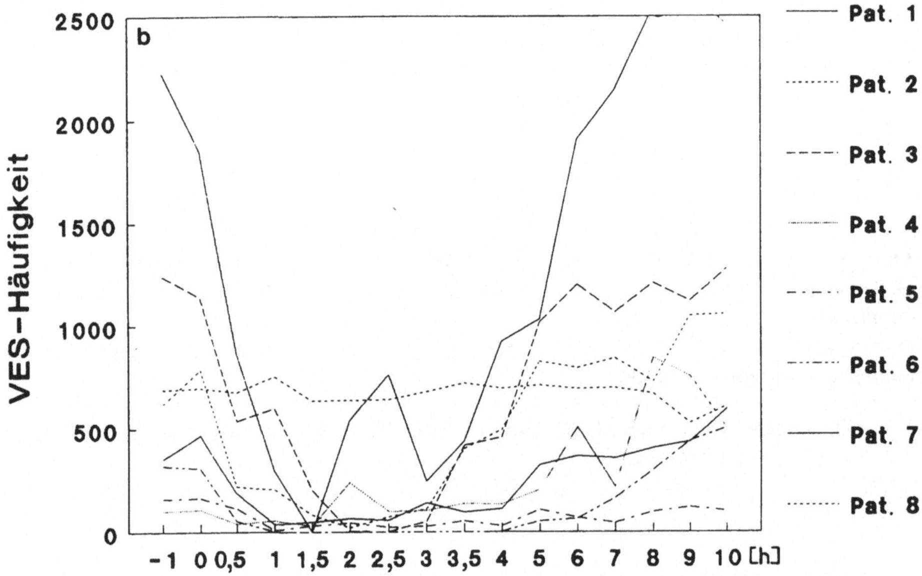

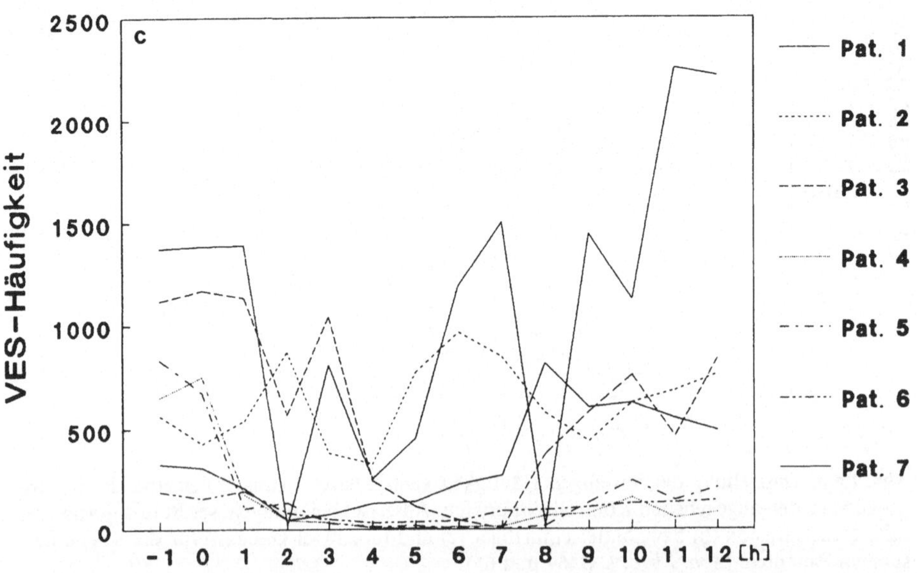

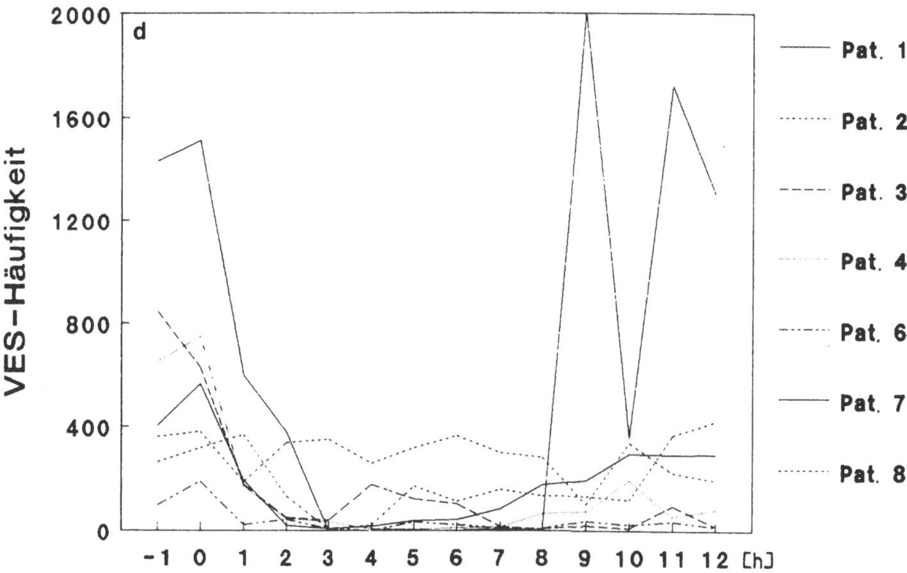

den. Die Stabilität der Arrhythmien sollte in mindestens 2 vorangehenden Langzeit-EKG bestätigt worden sein. Die Ursache der Arrhythmie (kardiale Grundkrankheit) sollte ebenso diagnostisch abgeklärt sein wie das Ausmaß einer möglichen linksventrikulären Funktionsstörung. In Tabelle 1 und Abb. 1 a–d werden an einem Versuchsbeispiel die Effekte eines noch im experiementellen Stadium befindlichen Antiarrhythmikums dargestellt. In diesen Untersuchungen wurde Nicainoprol sowohl intravenös als Bolusinjektion und Dauerinfusion als auch oral als Einmalgabe und unter repetitiver Dosierung verabreicht: Nach Bolusinjektion kommt es nur zu einem wenige Stunden anhaltenden Effekt. Zur Beurteilung der antiarrhythmischen Wirksamkeit kann allenfalls die 4stündige Periode nach Bolusinjektion herangezogen werden (Abb. 1a). Unter Dauerinfusion hält der Effekt entsprechend länger an, allerdings wird jetzt die große Variabilität der Arrhythmiehäufigkeit bzw. das variable Ansprechen der Patienten deutlich (Abb. 1b). Nach oraler Einzelgabe bzw. repetitiver Verabreichung ergibt sich grundsätzlich ein ähnliches Bild (Abb. 1c, d).

Endgültige Dosisfindung

Die Ergebnisse der orientierenden Dosisfindung gestatten keine ausreichend sichere Aussage über die tatsächliche Dosis-Wirkungs-Beziehung und damit über die niedrigst effektive und höchste anwendbare Dosis eines Antiarrhythmikums. Ernst eine entsprechend kontrollierte und vergleichende Untersuchung mit verschiedenen Dosierungen und Plazebo erlaubt diesbezügliche Rückschlüsse. Im parallelen Gruppenvergleich wird dabei die „Responderrate" in den einzelnen Gruppen ermittelt. Die Mindestgruppengröße sollte bei etwa 20 Patienten liegen.

Aus Sicherheitsgründen erhalten alle Patienten zunächst die vermutlich niedrigst wirksame Dosis des Antarrhythmikums. Sprechen Nebenwirkungen oder Veränderungen des Oberflächen-EKG nicht gegen eine Dosissteigerung, wird die Dosis in den Gruppen 2 und 3 entsprechend gesteigert. Die Einschlußkriterien der Patienten entsprechen denen der orientierenden Dosisfindung. Zur sachgerechten Bewertung des Ergebnisses ist es wichtig zu wissen, unter welchen Gesichtspunkten die Patienten für die Versuche ausgewählt wurden. Nach Möglichkeit sollte es sich um eine homogene Patientengruppe handeln, die lediglich mit einer bestimmten Anzahl von Antiarrhythmika bereits „getestet" bzw. behandelt wurde (z. B. therapeutische Ineffektivität von bisher 2–3 Antiarrhythmika). In beiden Versuchsserien zur Dosisfindung sollten die Plasmakonzentrationen des Antiarrhythmikums zu den entsprechenden Zeitpunkten (z. B. am Ende des Dosisintervalls nach Aufsättigung) bestimmt werden.

Wirksamkeitsnachweis unter subchronischer Therapie

Zur Beurteilung von Wirksamkeit und Nebenwirkungshäufigkeit wird unter subchronischen Bedingungen (4–12 Wochen) in doppelblind randomisierter Form gegen Plazebo verglichen. Der vorgeschlagene Versuchsaufbau gestattet eine individuelle Dosisaustestung. Um auch hier eine unnötige Belastung des Patienten durch zu viele und zu häufige Langzeit-EKG-Registrierungen zu vermeiden, ziehen wir den Gruppenvergleich einem Crossover-Versuchsansatz vor. Wie in den vorgenannten Versuchsprotokollen werden auch hier Patienten mit häufigen und komplexen ventrikulären Arrhythmien, die fakultativ behandlungsbedürftig sind, aufgenommen. Neben einer Plazebovergleichsstudie empfiehlt sich eine vergleichende Studie gegen ein Standardantiarrhythmikum. Der vorgeschlagene Versuchsaufbau entspricht dem der vorgenannten Plazebovergleichsstudie. In jede der beiden genannten Studien sollte jeweils etwa 100 Patienten aufgenommen werden. Beide Protokolle eignen sich auch zu einer multizentrischen Versuchsdurchführung mit zentraler Langzeit-EKG-Auswertung. Aus ethischen Gründen muß gewährleistet sein, daß ein in der Kurzzeittherapie effektives Antiarrhythmikum in der Dauertherapie weitergegeben werden kann (Vorhandensein entsprechender toxikologischer Daten!).

Wirksamkeitsnachweis und Nebenwirkungserfassung unter Dauertherapie

Der Wert eines neuen Antiarrhythmikums wird letztlich an seiner Wirksamkeit und Nebenwirkungshäufigkeit unter Dauertherapie gemessen. Die Dauer der Behandlung im Rahmen einer solchen Studie liegt zwischen 6 und 24 Monaten, dabei sollten in Abhängigkeit von Medikament und Dosierung Kontrollintervalle von nicht länger als 3 Monaten eingeschaltet sein. Die Begleitmedikation muß standardisiert sein, eventuelle Interaktionen mit der Testsubstanz müssen geprüft werden. In die Therapiephase sollte zumindest eine Auslaßperiode (Plazebophase), z. B. 3, 6 oder 12 Monate nach Therapiebeginn, eingeschaltet werden. Alle eingeschlossenen Patienten werden prospektiv und nach einem vorher festgelegten Versuchsplan nachverfolgt. Auch in diese Studie werden nur Patienten mit häufigen und komplexen, fakultativ behandlungbedürftigen ventrikulären Arrhythmien eingeschlossen. Erfahrungsgemäß müssen 250–300 Patienten in eine Dosistitrationsphase aufgenommen werden, um schließlich z. B. 100 Patienten unter Langzeittherapie beobachten zu können. Auch hier bietet sich daher eine multizentrische Durchführung der Studie mit zentraler Langzeit-EKG-Auswertung an.

Seltenere Nebenwirkungen (Häufigkeit < 5–10%) lassen sich im Rahmen einer solchen Studie nicht zuverlässig erfassen. Zu diesen gehören die wesentlichen kardialen Nebenwirkungen (Verstärkung vorbestehender Arrhytmien und Beeinträchtigung der Hämodynamik), aber auch bedeutsame extrakardiale Nebenwirkungen (z. B. toxische Wirkungen auf Hämatopoese oder andere Organe). Hieraus begründet sich die Forderung nach einer ausreichenden Patientenzahl unter Dauertherapie und einer lückenlosen Dokomentation aller in die klinischen Studien aufgenommenen Patienten.

Elektrophysiologische Untersuchungen

Elektrophysiologsiche Untersuchungen mit einem neuen Antiarrhythmikum werden im wesentlichen unter 3 Gesichtspunkten durchgeführt: Charakteristik der Effekte auf die normalen Leitungsverhältnisse und Refraktärzeiten, Wirkung auf pathologisch veränderte Reizbildungs- und Reizleitungsstrukturen (Sinusknotensyndrom, AV-Blockbilder, Schenkelblockbilder) und Prüfung der antiarrhythmischen Wirksamkeit gegenüber bestimmten durch programmierte Elektrostimulation ausgelösten Arrhythmien (z. B. anhaltende Kammertachykardien). Während die Beeinflussung des normalen und des pathologisch veränderten Reizleitungssystems meist nach intravenöser Gabe des Antiarrhythmikums erfolgt, ist die elektrophysiologische Austestung der antiarrhythmischen Wirksamkeit nach oraler Gabe vorzuziehen. Für alle 3 Untersuchungsprogramme liegen entsprechend standardisierte Ableitungs- und Stimulationsprogramme vor.

Hämodynamische Untersuchungen

Bevor ein neues Antiarrhythmikum bei Patienten mit deutlich eingeschränkter linksventrikulärer Funktion eingesetzt wird, sollten dessen hämodynamische Nebenwirkungen bekannt sein. Es hat sich gezeigt, daß sich die bei praktisch allen Antiarrhythmika vorhandene negative Inotropie sowohl akut nach intravenöser Gabe als auch unter chronischer oraler Gabe nachweisen läßt. Nach intravenöser Gabe (langsamer Bolus oder Infusion) läßt sich der negativ inotrope Effekt im Rahmen einer Linksherzkatheteruntersuchung durch Erfassung von Kontraktilitätsparametern und Bestimmung von Druckvolumenschleifen charakterisieren. Die klinische Relevanz dieser hämodynamischen Auswirkungen kommt jedoch besser unter oraler Dauertherapie zum Ausdruck. Hierbei wird die linksventrikuläre Funktion mittels Radionuklidangiographie vor antiarrhythmischer

Therapie bzw. unter Plazebobedingungen sowie nach mehrtägiger (bzw. mehrwöchiger) Therapie erfaßt. Dabei kann die linksventrikuläre Funktion sowohl unter Ruhe- als auch Belastungsbedingungen gemessen werden. Es ist sinnvoll, diese Untersuchung zunächst bei Patienten mit normaler bzw. gering eingeschränkter linksventrikulärer Funktion und in einer 2. Versuchsserie auch bei solchen mit deutlich eingeschränkter linksventrikulärer Funktion (z. B. linksventrikuläre Auswurffraktion $< 30\%$) durchzuführen.

Wirksamkeitsnachweis bei lebensbedrohlichen Arrhythmien

Der Nutzen einer antiarrhythmischen Therapie als Akutmaßnahme bei lebensbedrohlichen ventrikulären Arrhythmien (z. B. anhaltende Kammertachykardie oder rezidivierende symptomatische nichtanhaltende ventrikuläre Tachykardie) ist unbestritten. Daher sollte ein neues Antiarrhythmikum auch unter diesen Bedingungen geprüft werden. Da es sich naturgemäß um ein auch unter ethischen Gesichtspunkten heikles Einsatzgebiet handelt, sollte dieser Versuch erst im fortgeschrittenen Stadium der klinischen Prüfung unternommen werden. Auch hier ist bei intravenösedr Gabe ein randomisierter Versuchsansatz im Vergleich zum Beispiel zu Lidocain, Ajmalin oder Procainamid sinnvoll. Dennoch weist dieser Untersuchungsansatz eine Reihe methodischer Schwierigkeiten auf. Insbesondere ergeben sich häufig Schwierigkeiten, ein homogenes Patientenkollektiv in eine solche Studie einzuschließen, ferner muß das neue Antiarrhythmikum hinsichtlich hämodynamischer Wirkungen, negativer Inotropie und Dosis-Wirkungs-Beziehung gut untersucht sein, um eine Gefährdung der meist schwerkranken Patienten möglichst auszuschließen. Hauptbeobachtungsparameter sind die therapeutische Beeinflussung der Arrhythmie und eine über einen bestimmten Zeitraum erreichbare Arrhythmieprophylaxe. Nebenbeobachtungsparameter sind akute Begleitwirkungen der Therapie sowie hämodynamische, proarrhythmische oder subjektive Nebenwirkungen.

Einerseits ist der Nutzen einer antiarrhythmischen Therapie in der Prophylaxe lebensbedrohlicher Arrhythmien und in der Prävention eines plötzlichen Herztodes nicht eindeutig. Es ist andererseits so gut wie sicher, daß alle derzeit verfügbaren Antiarrhythmika bei individueller Einstellung des Patienten eine gewisse präventive Wirksamkeit gegenüber anhaltenden ventrikulären Tachykardien oder Kammerflimmern besitzen. Dies konnte übereinstimmend in zahlreichen – allerdings nicht kontrollierten – Studien nachgewiesen werden. Folglich wird man zum einen auch von einem neuen Antiarrhythmikum, zumindest in unkontrollierten Studien, den Nachweis der diesbezüglichen therapeutischen Effektivität fordern. Zum anderen erscheint uns die Forderung nach kontrollierten, randomisierten und vergleichenden Studien bei dieser Indikation derzeit überzogen und ethisch z. T. problematisch. In der Regel werden experimentelle Antiarrhythmika in dieser Situation erst eingesetzt, wenn zumindest 2 oder 3 der bisher verfügbaren Antiarrhythmika nicht wirksam sind. Die Kontrolle der therapeutischen Effektivität erfolgt bei diesen Patienten durch Beobachtung des klinischen Verlaufes, durch das Langzeit-EKG und durch das Ergebnis der programmierten Elektrostimulation.

Schlußfolgerung

Die dargestellten klinischen Versuche stellen das Rückgrat der klinischen Prüfung eines Antiarrhythmikums dar. Sie bedürfen einer Ergänzung und Erweiterung durch zusätzliche Untersuchungen, z. B. zur speziellen Pharmakokinetik (Niereninsuffizienz, Herzinsuffizienz, Leberfunktionsstörung), zur Interaktion mit anderen Substanzen (z. B. Digitalis und ß-Rezeptorenblocker), zur Kombinationsmöglichkeit mit anderen Antiarrhythmika und zur Wirksamkeit bei speziellen Krankheitsbildern (z. B. Arrhythmie im Rahmen eines akuten Myokardinfarktes).

Die Summe dieser Anforderungen an klinische Studien mit neuen Antiarrhythmika mag auf den ersten Blick unangemessen erscheinen. Es ist jedoch nicht die Forderung nach immer mehr und immer aufwendigeren Studien, sondern die Forderung nach einem systematischen und wissenschaftlich begründeten Vorgehen.

Zusammenfassung

Die klinische Prüfung von Antiarrhythmika vollzieht sich wie bei anderen neuen Arzneimitteln in sog. Phasen (Phase I–IV). Voraussetzung für die Anwendung eines neuen Antiarrhythmikums am Patienten ist die Kenntnis der Pharmakokinetik der neuen Substanz. Diesbezügliche Versuche an Probanden müssen mit vermutlich subtherapeutischen Dosierungen unter Intensiv- bzw. Überwachungsstationsbedingungen durchgeführt werden. Nach einer orientierenden Dosisfindungsstudie sollte die wesentliche Studie zur Dosisfindung unter kontrollierten Bedingungen – d. h. randomisierter Gruppenvergleich einschließlich einer Plazebogruppe – erfolgen. Subchronische (Wochen) oder chronische (Monate) Studien sollten nur bei günstigem Ausgang der Akutstudien und nach eindeutigen Daten aus den Dosisfindungsstudien eingeleitet werden. Zur Festlegung der Effektivität einer Substanz unter Dauertherapie sind zumindest 2 kontrollierte Studien unter subchronischen Bedingungen mit jeweils ausreichenden Patientenzahlen notwendig: Im Vergleich zu Plazebo und in einer 2. Studie im Vergleich zu einer derzeitig praktizierten Standardtherapie. Erst nach Vorliegen dieser Studienergebnisse sollte man eine neue Substanz auch bei Patienten mit sog. malignen Herzrhythmusstörungen anwenden. Gerade gegen diesen Grundsatz wird häufig verstoßen. Vor Anwendung eines neuen Antiarrhythmikums bei lebensbedrohlichen Arrhythmien müssen ebenfalls Befunde zu den elektrophysiologischen Effekten und zum Einfluß des Antiarrhythmikums auf die Hämodynamik bei Patienten mit reduzierter Kammerfunktion vorliegen.

Spontanvariabilität ventrikulärer Arrhythmien: Kriterien zur Validierung einer Therapie chronischer Arrhythmien

G. Schmidt, P. Barthel, L. Goedel-Meinen, K. Ulm

Die Beurteilung der Effektivität einer antiarrhythmischen Therapie ist wegen der hohen Spontanvariabilität ventrikulärer Arrhythmien schwierig (Winkle 1978). In den letzten Jahren wurden verschiedene biostatistische Methoden (Andressen et al. 1984; Michelsen u. Morganroth 1980; Morganroth et al. 1978; Pratt et al. 1985; Sami et al. 1980; Schmidt et al. 1988; Toivonen 1987) mit dem Ziel entwickelt, Kriterien zu erarbeiten, welche die Unterscheidung zwischen spontanen und therapiebedingten Schwankungen in der Häufigkeit der Extrasystolen mit einer vertretbaren Irrtumswahrscheinlichkeit ermöglichen. Alle diese Verfahren stützen ihre Berechnungen auf die Befunde von 2–3 sukzessiv abgeleiteten oder nur durch kurze Intervalle getrennte Langzeit-EKGs.

Es stellt sich somit die Frage, ob die für kurze Kontrollintervalle berechneten Kriterien auch für die Beurteilung einer Behandlung der chronischen Erkrankung gültig sind. Wir haben deshalb in einer prospektiven Studie Patienten mit definierter schwerer kardialer Grunderkrankung und häufigen und komplexen ventrikulären Extrasystolen (VES), die Spontanvariabilität von VES, Couplets und Salven über einen langen Zeitraum hinweg beobachtet, um den Einfluß der Länge des Kontrollintervalls zu untersuchen.

Patienten

Insgesamt nahmen 100 Patienten, darunter 79 Männer und 21 Frauen im Alter von 56 (± 12) Jahren, an der Studie teil. Bei allen Patienten waren vor Eintritt in die Studie in einem ambulanten 24-h-EKG mindestens 30 VES/h sowie Couplets nachgewiesen worden, bei 83 bestanden außerdem ventrikuläre Salven. Zur Abklärung der kardialen Grunderkrankung wurden alle Patienten vor Eintritt in die Studie invasiv oder mittels Radionuklidventrikulographie untersucht. 47 Patienten litten an einer koronaren Herzerkrankung, 53 an einer dilatativen Kardiomyopathie. Die Einzelheiten sind Tabelle 1 zu entnehmen. 44 Patienten blieben über den gesamten Beobachtungszeitraum ohne jede spezifische antiarrhythmische Therapie und wurden regelmäßig in ambulanten Kontrolluntersuchungen überwacht. Eine Untergruppe von 56 Patienten wurde mit Klasse-I-Antiarrhythmika behandelt, entweder weil bei ihnen schwerwiegende hämodynamische Komplikationen der Arrhythmie wie Synkopen oder Kammerflimmern anamnestisch bekannt waren, oder weil sie an einer klinischen Studie zur Beurteilung der Effektivität antiarrhythmischer Substanzen teilnahmen. Bei diesen Patienten stützten sich die Berechnungen der Spontanvariabilität von VES

Tabelle 1. Klinische Daten der 100 in die Studie aufgenommenen Patienten

Symptome	[n]
Synkope	17
Zustand nach Reanimation	8
Kardiale Grunderkrankung	[n]
KHK	47
Zustand nach Herzinfarkt	38
ACB	12
LVEF	$46{,}6 \pm 14{,}2\%$
β-Blocker	25
IDC	53
LVEF	$34{,}4 \pm 11{,}7\%$
Arrhythmie	[Ereignisse pro Stunde, $\bar{x} \pm SD$]
VES	$318{,}3 \pm 332{,}3$
ventrikuläre Paare	$18{,}5 \pm 31{,}0$
ventrikuläre Salven	$3{,}4 \pm 11{,}1$
Antiarrhythmische Behandlung	[n]
Klasse-I-Antiarrhythmika	56

KHK, koronare Herzkrankheit; *ACB,* Aortocoronarer bypass; *LVEF,* linksventrikuläre Auswurffraktion

auf die Befunde von Langzeit-EKGs, die vor Beginn der Behandlung oder in therapiefreien Phasen während des Follow-up abgeleitet wurden, wobei 5 Tage als Mindestabstand zur letzten Medikamenteneinnahme eingehalten wurden. Bei Patienten mit koronarer Herzerkrankung wurde eine laufende Therapie mit β-Blockern unverändert weitergeführt.

Die Patienten wurden im Mittel 260 Tage (maximal 1403 Tage) in unserer Rhythmusambulanz nachkontrolliert, wobei pro Patient zwischen 3 und 12 24-h-Langzeit-EKGs angefertigt wurden. Klinische Parameter mit direkten Auswirkungen auf die Stabilität des Herzrhythmus (wie Elektrolytkonzentration, Schilddrüsenfunktionswerte) wurden sorgfältig kontrolliert.

Methoden

Alle Langzeit-EKG wurden mit Hilfe des Arrhythmiecomputers ICR 6201 G 3 ausgewertet, der nach einer früheren Untersuchung eine Sensitivität von $>96\%$ und eine positive Korrektheit von $>94\%$ bei der Erkennung singulärer und repetitiver VES aufweist (Schmidt et al. 1986). Zusätzlich zur automatischen Analyse wurden von sämtlichen Bändern miniaturisierte Gesamtausschriebe (ICR Variprinter) angefertigt und die Computerbefunde Schlag für Schlag visuell kontrolliert.

Die Berechnung der Spontanvariabilität (SV) der Ektopieereignisse (EE) erfolgte getrennt für singuläre VES, Couplets und Salven als

$$SV = \log EE\ \text{Tag}\ 2_{n+c} / EE\ \text{Tag}\ 1_{n+c} \tag{1},$$

wobei jeweils die durchschnittlichen stündlichen Mittelwerte verwendet wurden. Die Wahl der geeignetsten Konstante erfolgte unter Berücksichtigung ihres Einflusses 1) auf die Verteilung der Daten, 2) auf den rechnerischen Wert des Variabilitätsquotienten. Dabei wurden mit Hilfe des Kolmogorov-Smirnov-Tests für Konstanten zwischen 0,0001 und 10 die Daten auf Normalverteilung geprüft. Es zeigte sich, daß sowohl für Couplets als auch für Salven die Normalverteilung bei Konstanten zwischen 0,01 und 0,5 gewährleistet ist (Abb. 1). Für die Berechnungen der Spontanvariabilität wählten wir mit „+0,01" die niedrigste dieser Konstanten aus, um ihren Einfluß auf den rechnerischen Wert des Variabilitätsquotienten möglichst gering zu halten.

Die Spontanverteilung der Variabilitätsquotienten wurde als Mittelwert (± 2 Standardabweichungen; s) getrennt für 4 verschiedene Kontrollintervallbereiche (0–6 Tage, 7–89 Tage, 90–364 Tage und ≥ 365 Tage) berechnet. Für jeden der 4 Bereiche kalkulierten wir getrennt die zur Sicherung einer effektiven Therapie erforderliche Reduktion (R) der Arrhythmie nach der Formel

$$R(\%) = (10^0 - 10^{-2\text{SD}}) \cdot 100 \tag{2}$$

sowie die zur Sicherung einer medikamentenbedingten Aggravation (A) erforderliche Zunahme der Arrhythmie nach der Formel

$$A(\%) = (10^0 + 10^{+2\text{SD}}) \cdot 100 \tag{3}.$$

Durch die Addition einer Konstante werden die erforderlichen Reduktionen unterschätzt, wobei das Ausmaß dieses Fehlers für verschiedene Arrhythmiehäufigkeiten nach der Formel

$$F(\%) = R' - R \tag{4}$$

und R' als die „wahre" Reduktion als

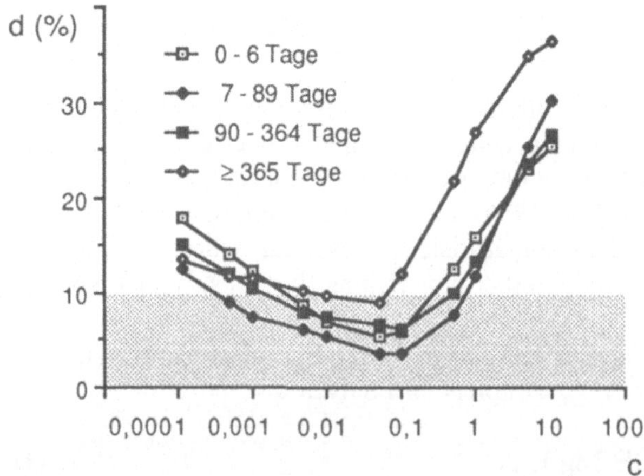

Abb. 1. Maximale Abweichung von der Normalverteilung [%] für Salven mit Konstanten von 0,0001 bis 10 innerhalb der 4 Kontrollintervallbereiche (Kolmogorov-Smirnov-Test)

$$R'(\%) = R \cdot EE \; Tag \; 1_{n+0,01} / EE \; Tag \; 1 \qquad\qquad (5)$$

berechnet werden kann. Dieser Fehler war bei Anwendung der Konstante „+0,01" und mehr als 0,5 Arrhythmieeereignissen pro Stunde geringer als 2%.

Unterschiede in der Spontanvariabilität zwischen Patienten mit und ohne β-Blocker- bzw. spezifischer antiarrhythmischer Therapie wurden mittels F-Test auf statistische Signifikanz geprüft.

Ergebnisse

Signifikante Unterschiede in der Spontanvariabilität von singulären VES, Couplets und Salven zwischen Patienten ohne und solchen mit antiarrhythmischer Behandlung waren nicht nachzuweisen. Desgleichen hatte eine Begleitmedikation mit Digitalis, β-Blockern oder Diuretika keinen Einfluß.

Im gesamten Beobachtungszeitraum unterschied sich die Summe aller Variabilitätsquotienten nicht signifikant von 0, was anzeigt, daß die Arrhythmiehäufigkeit der gesamten Patientengruppe keine wesentliche Änderung erfuhr (Tabelle 2). Die Streuung der Einzelwerte von VES war am geringsten bei Kontrollintervallen bis zu einer Woche und nahm mit längeren Kontrollintervallen kontinuierlich zu. Entsprechend verbreiterte sich der Vertrauensbereich, so daß zur Sicherung medikamenteninduzierter Effekte stärkere Veränderungen der VES-Häufigkeit notwendig wurden (Abb. 2, Tabelle 2). Innerhalb der 1. Behandlungswoche war eine antiarrhythmische Therapie dann als effektiv einzustufen, wenn die VES um mindestens 63% abnahmen. Bei Kontrollintervallen zwischen 1 Wo-

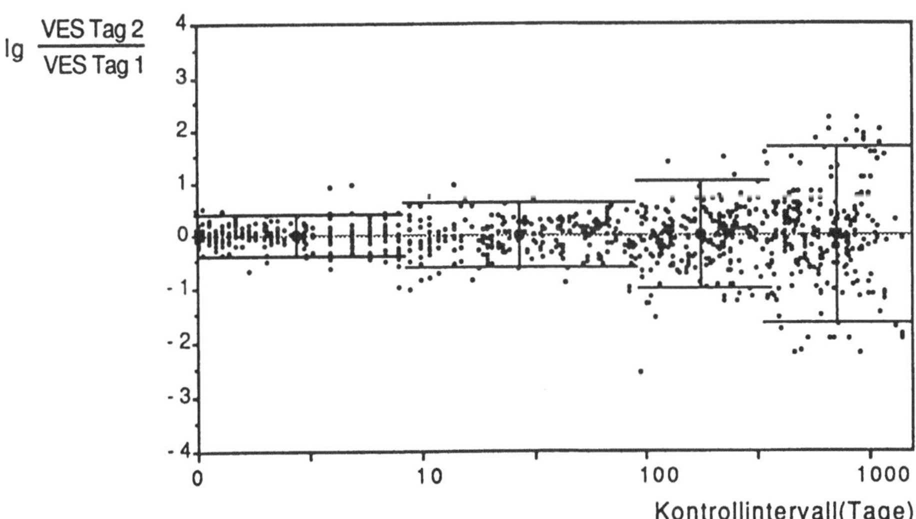

Abb. 2. Spontanvariabilität von VES bei 100 Patienten über einen Zeitraum von fast 4 Jahren. Die Linien begrenzen die Fläche ±2 *s* für die 4 Kontrollintervallbereiche (≤1 Woche; >1 Woche bis ≤3 Monate; >3 Monate bis ≤1 Jahr; >1 Jahr)

Tabelle 2. Mittelwerte ($\pm 2\,s$) und Effektivitätskriterien für VES, Couplets und Salven in den 4 Kontrollintervallbereichen

	Kontroll-intervall [Tage]	Beobach-tungen [n]	Variabilitäts-quotient [x̄]	[s]	Erforderliche Änderung der Reduktion [%]	Aggravierung [%]
VES	0–6	253	−0,0018	0,216	−63	+370
	7–89	251	−0,059	0,336	−79	+570
	90–364	249	−0,098	0,537	−92	+1286
	≥365	249	−0,0057	0,866	−98	+5495
Couplets	0–6	253	−0,097	0,503	−90	+1114
	7–89	251	−0,096	0,627	−94	+1895
	90–364	249	−0,092	0,891	−98	+6153
	≥365	249	0,182	1,072	−99	+14032
Salven	0–6	214	−0119	0,66	−95	+2189
	7–89	222	−0,156	0,829	−98	+4650
	90–364	158	0,033	0,874	−98	+5698
	≥365	195	−0,024	0,99	−99	+9650

che und 3 Monaten stieg dieser Prozentsatz auf 81% an. Intervalle zwischen 3 Monaten und 1 Jahr erforderten Reduktionen von mindestens 93% und Intervalle von mehr als 1 Jahr von mindestens 98%.

In ähnlicher Weise veränderten sich die zur Sicherung einer Aggravierung erforderlichen Kriterien. Genügte bei Kontrollintervallen bis zu 1 Woche eine Zunahme ventrikulärer Extrasystolen von ≥269%, so waren bei Kontrollintervallen von 1 Woche bis zu 3 Monaten bereits Zunahmen von ≥525% notwendig. Dieser Prozentsatz stieg auf ≥1342% bei Kontrollintervallen von über 3 Monaten bis zu 1 Jahr. Bei noch längeren Kontrollintervallen waren Aggravierungen gar nicht mehr zu sichern, wenn die Arrhythmie nicht wenigstens um 5081% zugenommen hatte.

Für Couplets zeigte sich eine generell höhere Variabilität als für VES, so daß die erforderliche Reduktion bei kurzen Kontrollintervallen schon 90% betrug (Abb. 3, Tabelle 2). Bei Zeiträumen über 3 Monaten erreichte diese praktisch 100%. Entsprechend stiegen die prozentualen Zunahmen, die eine Aggravierung wahrscheinlich machen, von 1000% auf 14000% an.

Die Streuung der Variabilitätsquotienten für Salven war bereits bei kurzen Kontrollinvervallen groß und nahm im weiteren Beobachtungszeitraum noch gering zu (Abb. 4 Tabelle 2). Die zur Sicherung einer antiarrhythmischen Wirkung erforderliche Reduktion betrug unabhängig von der Länge des Kontrollintervalls knapp 100%, die zur Sicherung einer Aggravierung erforderliche Zunahme bewegte sich zwischen rund 5000% und 10000% bei Beobachtungszeiträumen von mehr als 1 Woche.

Unsere Ergebnisse ermöglichten es zu prüfen, ob individuelle Unterschiede in der Spontanvariabilität existieren. Bei 38 Patienten konnte die Variabilität sowohl für das Kontrollintervall bis zu 1 Woche als auch für das Intervall zwischen 1 Woche und 3 Monaten berechnet werden. Entsprechend der Ergebnisse im 1. Kontrollintervall wurden die Patienten in 2 gleich große Gruppen mit niedri-

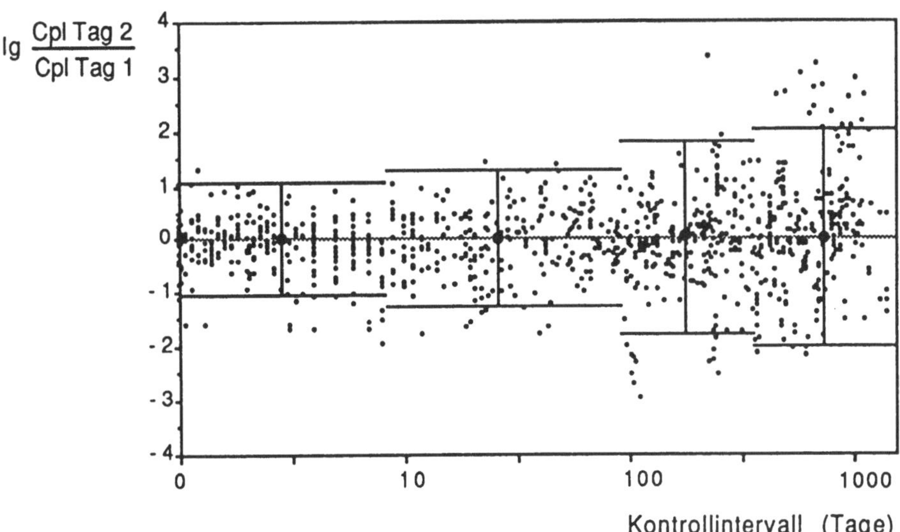

Abb. 3. Spontanvariabilität von Couplets

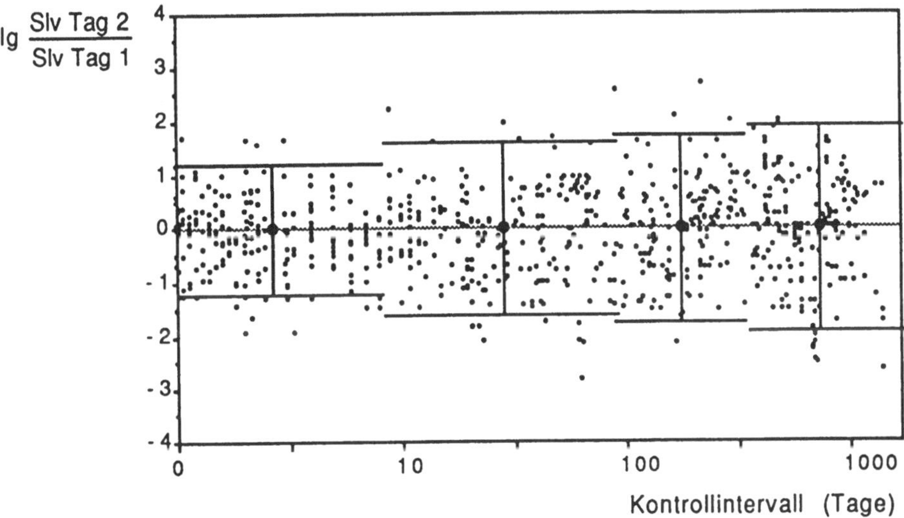

Abb. 4. Spontanvariabilität von Salven

ger und hoher Spontanvariabilität eingeteilt und die Quotienten im 2. Kontrollintervall untersucht. Die Variabilität im längeren Kontrollintervall unterschied sich dabei nicht (Abb. 5). Entsprechende Ergebnisse wurden für Couplets und Salven beobachtet.

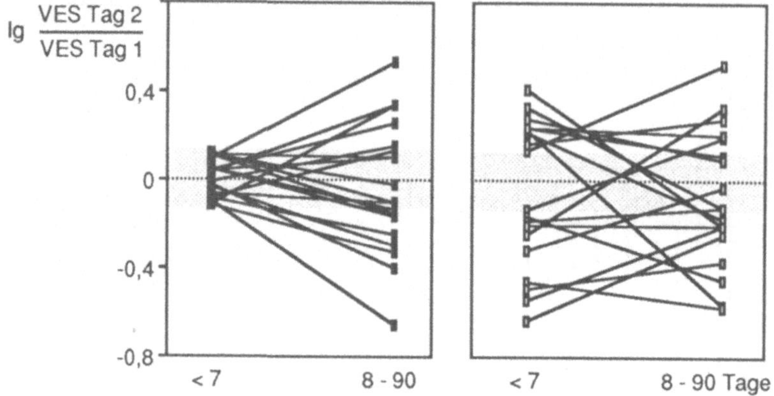

Abb. 5. Spontanvariabilität singulärer VES von 38 Patienten bei kurzen Kontrollintervallen (≤ 1 Woche) sowie bei längeren Kontrollintervallen (> 1 Woche bis ≤ 3 Monate). Die Untergruppe links ist durch eine geringe, die Untergruppe rechts durch eine relativ hohe Spontanvariabilität innerhalb der 1. Woche gekennzeichnet. Bei beiden Gruppen unterscheidet sich die Variabilität bei längeren Kontrollintervallen nicht

Diskussion

Obwohl in den letzten 10 Jahren eine Reihe von biostatistischen Modellen zur Berechnung der Spontanvariabilität ventrikulärer Arrhythmien entwickelt worden sind, haben wir uns entschlossen, für unsere Berechnungen ein eigenes Modell zu verwenden. Dabei werden die Logarithmen der Quotienten „Ektopieereignis am Tag 2/Ektopieereignis am Tag 1" berechnet und – unter der Voraussetzung, daß der Mittelwert der Quotienten sich nicht von 0 unterscheidet – ein 95%-Vertrauensintervall als $0 \pm 2\,s$ bestimmt. Dieses Vorgehen ähnelt sehr dem von Pratt et al. (1985) entwickelten Modell, bei dem der Logarithmus der Ektopieereignisse am Tag 2 von dem Logarithmus der Ektopieereignisse am Tag 1 subtrahiert, die Varianz der Unterschiede berechnet und ein 95%-Vertrauensintervall bestimmt wird. Aus diesem Grund sind die mit beiden Modellen berechneten Therapiekriterien praktisch identisch. Wir ziehen unser Modell vor, weil es eine rasche visuelle Analyse der Ergebnisse ermöglicht.

Wenn Arrhythmiedaten in Logarithmen transformiert werden müssen, wie es bei der Berechnung der Spontanvariabilität der Fall ist, wird die Addition einer Konstanten notwendig, um die mathematisch unzulässige Transformation „log 0" zu vermeiden. Dabei ist zu bedenken, daß das Rechenergebnis nicht nur durch die Transformation selbst, sondern auch durch den Wert der verwendeten Konstante beeinflußt wird.

Entsprechend der Gleichung 3 bewirkt die Konstante eine Unterschätzung der Spontanvariabilität, besonders wenn ihr Wert im Verhältnis zur Anzahl der Ektopieereignisse relativ groß ist. Um diesen Effekt, den es v. a. bei der Berechnung von Couplets und Salven zu berücksichtigen gilt, möglichst gering zu halten, wählten wir für unsere Berechnungen mit $c = 0{,}01$ die kleinste Konstante, die noch mit einer Normalverteilung der Daten vereinbar ist. Trotzdem sollte nicht übersehen werden, daß selbst dann die Spontanvariabilität zu einem gewissen Grad unterschätzt wird und sich als Folge zu „weiche" Therapiekriterien ergeben. Die „wahren" Therapiekriterien können nach der Gleichung 5 berechnet werden. Bei mehr als 8 Ektopieereignissen/Tag (0,33/h), beträgt der Fehler höchstens 3% und kann weitgehend vernachlässigt werden.

Die meisten Untersucher wählten willkürlich eine Konstante von c=1. Solange frequente Ereignisse wie singuläre VES berechnet werden, hat dieser Wert keinen wesentlichen Einfluß auf die Ergebnisse. Wählt man jedoch wie Michelson u. Morganroth (1980) sowie Toivonen (1987) c=1 für die Berechnung infrequenter Arrhythmien wie Couplets und Salven, dann ist eine wesentliche Unterschätzung der Spontanvariabilität nicht zu vermeiden: Michelson et al. errechneten eine Reduktionsquote für Couplets von nur 75% und für Salven von 65%. Toivonen forderte eine Reduktion repetitiver VES von 77–78%. Hätten die Autoren als Konstante c=0,01 verwendet, würden die Zahlen 90% weit übersteigen.

Toivonen (1987) untersuchte die Spontanvariabilität von signulären und repetitiven Arrhythmien nicht nur für kurze Kontrollintervalle von bis zu 2 Wochen, sondern auch über längere Intervalle bis zu 1 Jahr. Unserer Meinung nach ergeben sich aber eine Reihe von methodischen Einwänden gegen diese Studie. Wie bereits ausführlich dargestellt, wurde der rechnerische Einfluß der verwendeten Konstante c=1 nicht berücksichtigt. Darüber hinaus war das Untersuchungskollektiv klein (n=20) und inhomogen zusammengesetzt, wobei 8 Patienten offenbar gar keine kardiale Grunderkrankung aufwiesen.

Für unsere Untersuchung erhoben wir prospektiv die Daten von 100 Patienten mit definierter kardialer Grunderkrankung und häufigen und komplexen ventrikulären Arrhythmien. Die längste Beobachtungsdauer betrug fast 4 Jahre. Wir fanden, daß innerhalb der 1. Woche Reduktionsquoten von wenigstens 63% (VES), 90% (Couplets) und 95% (Salven) zum Nachweis eines antiarrhythmischen Effekts erforderlich sind. Bei Kontrollintervallen von mehr als 6 Tagen waren Reduktionen von 79, 94 und 98% notwendig, bei Intervallen von mehr als 90 Tagen betrugen diese Quoten 92, 98 und 98%, über einem Jahr schließlich 98, 99 und 99%.

Das statistische Modell ist gleich gut geeignet für die Auswertung proarrhythmischer Effekte. Innerhalb der 1. Behandlungswoche zeigten eine 3,7fache (VES), 11fache (Couplets) und 22fache Zunahme (Salven) eine Aggravierung an. Diese Zahlen stiegen zu 6fachen (VES), 19fachen (Couplets) und 47fachen (Salven) Zunahmen bei Kontrollen nach mehr als 1 Woche und weniger als 3 Monaten an, zu 13fachen (VES), 62fachen (Couplets) und 57fachen (Salven) Zunahmen zwischen 3 Monaten und 1 Jahr und schließlichd 55fach (VES), 140fachen (Couplets) und 97fachen (Salven) Zunahmen bei einer Behandlungsdauer von mehr als 1 Jahr an.

Häufig wurde in der Vergangenheit der Wunsch nach gültigen Therapiekriterien für den einzelnen Patienten geäußert (im Gegensatz zu Gruppenkriterien). Unsere Daten versetzten uns in die Lage, individuelle Verläufe der Spontanvariabilität über lange Zeiträume zu verfolgen. Wir gingen deshalb explorativ der Frage nach, ob das Ausmaß der Spontanvariabilität beim Einzelpatienten bei Eintritt in die Studie Rückschlüsse auf die künftige Variabilität erlaubt. Dabei stellten wir fest, daß dies nicht der Fall war (Abb. 5). Deshalb scheint es nach unserem derzeitigen Wissensstand nicht möglich zu sein, individuelle Kriterien für Einzelpatienten zu entwickeln, unabhängig von der Anzahl der zur Verfügung stehenden Langzeit-EKG.

Bei der Interpretation unserer Untersuchungsergebnisse muß berücksichtigt werden, daß die antiarrhythmischen Wirkungen unvorhersehbar und komplexer Natur sein können. Selbst nach Therapiepausen von mehr als 5 Halbwertszeiten können noch meßbare Effekte bestehen, sei es durch wirksame Metaboliten, durch irreversible Änderungen auf zellulärer Ebene oder durch „paradoxe" Provokation von Arrhythmien bei subtherapeutischen Plasmakonzentrationen.

Da aber in der überwiegenden Anzahl der Beobachtungen das Minimalintervall von 5 Tagen weit überschritten wurde und sich die Spontanvariabilität singulärer und komplexer ventrikulärer Arrhythmien bei Patienten ohne antiarrhythmische Behandlung und solchen mit intermittierender Therapie nicht signifikant unterschieden, dürfte den angesprochenen Effekten klinisch keine relevante Bedeutung zukommen.

Analysiert man die Spontanvariabilität über lange Zeiträume, muß mit Änderungen der klinischen Situation des Patienten, sei es eine Verschlechterung oder eine Verbesserung des Gesundheitszustands, gerechnet werden, was wiederum die Arrhythmiehäufigkeit beeinflussen kann. Da wir jedoch eine deutliche Zunahme der Spontanvariabilität bereits nach wenigen Wochen beobachtet haben, ist eine Änderung der klinischen Situation als alleinige Ursache unwahrscheinlich. Außerdem war ein Zusammenhang zwischen klinisch diagnostizierbaren kardialen Ereignissen und der Arrhythmiehäufigkeit nicht festzustellen. Darüber hinaus waren Änderungen der Elektrolytkonzentrationen im Plasma im Gefolge einer chronischen diuretischen Behandlung sorgfältig ausgeschlossen worden.

Möglicherweise liegen graduelle, über lange Zeiträume ablaufende Änderungen im autonomen Tonus vor, die beim einzelnen Patienten die Arrhythmie in ihrer Häufigkeit und Komplexität beeinflussen.

Unsere Ergebnisse sind von Bedeutung sowohl bei der Betreuung eines einzelnen Patienten in der Praxis als auch bei der Interpretation und Planung von klinischen Studien, die sich mit der Effektivität einer antiarrhythmischen Therapie beschäftigen.

Generell ist festzustellen, daß für Untersuchungen der Wirksamkeit antiarrhythmischer Substanzen kurze Kontrollintervalle bis zu 1 Woche wegen der dann noch relativ geringen Spontanvariabilität ventrikulärer Arrhythmien am besten geeignet sind. Wir empfehlen deshalb, daß die Untersuchungsdauer der bisher häufig über 2–4 Wochen im Cross-over-Design durchgeführten placebokontrollierten Testungen von Antiarrhythmika auf einige Tage abgekürzt wird.

Die Ergebnisse der bisher zur Langzeiteffektivität publizierten Studien müssen in Frage gestellt und einer kritischen Überprüfung der verwendeten Effektivitätskriterien unterzogen werden, da nach unseren Ergebnissen die Validierung antiarrhythmischer Effekte mit Hilfe der langzeitelektrokardiographischen Befunde bei einer Therapiedauer von mehr als 3 Monaten erheblich erschwert und bei 1jähriger Therapie praktisch unmöglich wird. Das gleiche gilt auch für Untersuchung proarrhythmischer Effekte.

Einen Ausweg aus diesem Dilemma bieten Auslaßversuche zur Dokumentierung der aktuellen spontanen Arrhythmieinzidenz. Solche Auslaßversuche sollten im Rahmen von Studien über chronische antiarrhythmische Wirkungen in regelmäßigen Abständen durchgeführt werden. Darüber hinaus werden auch Patienten von Auslaßversuchen profitieren, bei denen keine vitale Indikation zur antiarrhythmischen Behandlung besteht, da zu erwarten ist, daß bei einer nicht geringen Zahl die Ektopieneigung spontan sistiert hat.

Literatur

Andresen D, Leitner R von, Wegscheider K, Schröder R (1984) Neue Methode zur Beurteilung eines antiarrhythmischen Therapieerfolges und eines paradoxen arrhythmogenen Medikamenteneffektes beim Einzelpatienten. Z Kardiol 73:492–497

Michelson EL, Morganroth J (1980) Spontaneous variability of complex ventricular arrhythmias detected by long-term electrocardiographic recording. Circulation 61:690–695

Morganroth J, Michelson EL, Horowitz LN, Josephson ME, Pearlmann AS, Dunkman B (1978) Limitations of routine long-term electrocardiographic monitoring to assess ventricular ectopic frequency. Circulation 58:408–414

Pratt CM, Slymen DJ, Wierman AM, Young JB, Francis MJ, Seals AA, Quinones MA, Roberts R (1985) The changing baseline of complex ventricular arrhythmias: A new consideration in assessing long-term antiarrhythmic drug therapy. N Engl J Med 313:1444-1449

Sami M, Kraemer H, Harrison DC, Houston N, Shimasaki C, DeBusk RF (1980) A new method for evaluating antiarrhythmic drug efficacy. Circulation 62:1172–1179

Schmidt G, Goedel-Meinen L, Weixel G, Jahns G, Klein G, Ulm K, Wirtzfeld A (1986) Analysegenauigkeit des Holter-Systems ICR 6201-G3. Z Kardiol 57:211–214

Schmidt G, Ulm K, Barthel P, Goedel-Meinen L, Jahns G, Baedeker W (1988) Spontaneous variability of simple and complex VPC's over long time intervals in patients with severe organic heart disease. Circulation 78:296–301

Toivonen L (1987) Spontaneous variability in the frequency of ventricular complexes over prolonged intervals and implications for antiarrhythmic treatment. Am J Cardiol 60:608–612

Winkle RA (1978) Antiarrhythmic drug effect mimicked by spontaneous variability of ventricular ectopy. Circulation 57:1116–1120

Verfahren zur Therapiekontrolle von Herzrhythmusstörungen

S. Hohnloser, T. Meinertz, H. Just

Patienten mit anhaltenden Kammertachykardien oder Kammerflimmern ohne Nachweis einer akuten Myokardischämie haben ein hohes Risiko, am plötzlichen Herztod zu versterben (Armbrust u. Levine 1950; Cobb et al. 1975; Herrmann et al. 1959; Williams u. Ellis 1943). Nach Untersuchungen von Cobb et al. (1975) beträgt die Mortalität dieser Patienten 25–32% im 1. Jahr nach erfolgreicher Reanimation. Aufgrund dieser ungünstigen Prognose besteht bei diesen Hochrisikopatienten die Notwendigkeit einer gezielten, genau kontrollierten antiarrhythmischen Therapie. Die Durchführung einer solchen individualisierten Therapie erfordert, daß Methoden zur Effektivitätskontrolle angewendet werden, die eine möglichst genaue Vorhersage der Wirksamkeit bzw. der Ineffektivität der Behandlung erlauben. Zur Wirksamkeitskontrolle der antiarrhythmischen Therapie werden heute 2 Verfahren eingesetzt, nämlich die nicht invasive Testmethode, bei der wiederholte Langzeit-EKG-Registrierungen zur Beurteilung der antiarrhythmischen Therapie angefertigt werden, sowie die invasive Testmethode, die sog. programmierte Elektrostimulation (Coumel et al. 1967; Durrer et al. 1967; Wellens et al. 1985).

Nichtinvasives Testverfahren

Bei dieser Form der Therapiekontrolle wird eine mindestens 24stündige Langzeit-EKG-Registrierung unter antiarrhythmischer Therapie mit einem entsprechenden Kontrollwert verglichen, der bei demselben Patienten vor Behandlungsbeginn angefertigt worden ist. Auf Einzelheiten der Methode der Langzeit-EKG-Registrierung soll hier nicht näher eingegangen werden, da Probleme dieser Methode an anderer Stelle in diesem Buch detailliert behandelt werden (s. Beitrag Schmidt et al.). Als Effektivitätskriterien haben sich eine vollständige Elimination aller spontaner nichtanhaltender Kammertachykardien sowie eine > 90%ige Reduktion der ventrikulären Paare und eine > 50%ige Reduktion der ventrikulären Extrasystolen (VES) bewährt (Hohnloser et al. 1987; Podrid 1985; Raeder et al. 1988). Werden diese Kriterien mit dem ersten Antiarrhythmikum nicht erreicht, wird die Substanz abgesetzt und nach einer entsprechenden Auswaschphase das nächste Antiarrhythmikum getestet. Dieses Verfahren wiederholt sich u. U. vielfach (sog. serielles Austesten). Ergänzt werden kann diese Methode noch durch symptomlimitierte Belastungstests, die ebenfalls vor bzw. während der antiarrhythmischen Therapie wiederholt durchgeführt werden (Lown et al. 1986; Ryan et al. 1975).

Folgende potentielle Limitationen des geschilderten nichtinvasiven Testverfahrens müssen berücksichtigt werden:

1. Präsenz spontaner Arrhythmien erforderlich;
2. Spontanvariabilität maligner Arrhythmien;
3. Unsicherheit hinsichtlich des therapeutischen Endpunkts;
4. Unsicherheit hinsichtlich der Signifikanz und Frequenz spontaner Arrhythmien bei bestimmten Patientengruppen.

Das Verfahren kann natürlich nur bei Patienten angewendet werden, die spontane Rhythmusstörungen zeigen. Nach Lown et al. (1986; Podrid 1985) ist das bei etwa 60–70% der Hochrisikopatienten der Fall, andere Untersucher fanden solche Spontanarrhythmien aber nur bei 30–40% der von ihnen untersuchten Patienten (Borggrefe u. Breithardt 1988). Ebenso müssen die Spontanvariabilität der Rhythmusstörungen beachtet sowie therapeutische Endpunkte genaue definiert werden (Hohnloser et al. 1987; Podrid 1985; Raeder et al. 1988).

Invasives Testverfahren

Bei Hochrisikopatienten, die im Langzeit-EKG keine ausreichend häufigen bzw. nicht reproduzierbare Spontanarrhythmien aufweisen, muß ein anderer therapeutischer Endpunkt für die antiarrhythmische Behandlung definiert werden. Als geeignetes Verfahren hat sich hierbei in den letzten Jahren die programmierte Elektrostimulation (PES) erwiesen (Coumel et al. 1967; Durrer et al. 1967; Hartzler u. Maloney 1977; Horowitz et al. 1978, 1980; Josephson et al. 1978; Mason u. Winkle 1980; Mc Govern et al. 1984; Mc Pershon et al. 1985; Mitchell et al. 1987; Naccarelli et al. 1985; Podrid et al. 1983; Podrid 1985; Spielman et al. 1983; Swerdlow et al. 1983; Wellens et al. 1985).

Die invasive elektrophysiologische Untersuchung prüft die Bereitschaft des Herzens, auf einen künstlichen elektrischen Reiz mit einer anhaltenden ventrikulären Arrhythmie (Kammertachykardie oder Kammerflimmern) zu reagieren. Pathophysiologische Grundlage der ventrikulären Tachykardie (VT) ist eine kreisende Erregung innerhalb des sog. „arrhythmogenen Substrats" (Borggrefe u. Breithardt 1988). Bei der PES werden elektrische Impulse definierter Dauer und Stärke über einen endokardial gelegenen Stimulationskatheter appliziert, d. h. es werden so künstlich VES erzeugt und geprüft, ob durch sie eine Kammertachykardie auslösbar ist. Obwohl bis heute kein einheitliches Stimulationsprotokoll existiert, sehen die meisten Protokolle die Abgabe von Einzel-, Doppel- und Dreifachstimuli während Sinusrhythmus sowie während eines stimulierten Kammerrhythmus bei unterschiedlichen Periodendauern vor. Die vorzeitigen Impulse werden nach jedem 8. spontanen bzw. stimulierten Schlag abgegeben, beginnend mit einem Ankopplungsintervall von etwa 350 ms. Das Kopplungsintervall wird dann in 10-ms-Schritten bis zum Erreichen der effektiven Refraktärperiode verkürzt. Wenn keine anhaltende Arrhythmie induziert werden konnte, wird das Kopplungsintervall des 1. Stimulus um 20 ms über die Refraktärperiode verlängert und ein 2. bzw. gegebenenfalls ein 3. Extrastimulus angekoppelt. Hierdurch wird die Gesamtrefraktärzeit weiter verkürzt. Ziel der programmierten Ventrikelstimulation ist die reproduzierbare Auslösung der klinisch beobachteten ventrikulären Tachyarrhythmie. Als anhaltende VT wird dabei eine Kammertachykardie definiert, die länger als 30 s anhält oder vorzeitig aus hämodynamischen Gründen terminiert werden muß (Denes et al. 1976; Hartzler u. Maloney 1977; Horowitz et al. 1978, 1980; Josephson et al. 1978). Die so ausgelösten Arrhythmien können dann als therapeutische Endpunkte bei der Selektion der antiarrhythmischen Therapie verwendet werden. Unter antiarrhythmischer Therapie wird die Stimulation wiederholt und die Suppression der induzierbaren Tachykardien durch das entsprechende Antiarrhythmikum geprüft. Die antiarrhythmische Therapie wird als effektiv angesehen, wenn die unter Kontrollbedingungen ausgelöste Tachykardie nicht mehr induziert werden kann (Borggrefe u. Breithardt 1986, 1988; Horowitz et al. 1980; Mason u. Winkle 1980; Podrid et al. 1983). Die Grenzen dieses invasiven Verfahrens werden durch folgende Faktoren bestimmt:

1. kein einheitliches Stimulationsprotokoll;
2. keine einheitliche Beurteilung der Effektivitätskriterien;
3. Spontanvariabilität induzierter Arrhythmien;
4. fragliche Signifikanz induzierter nichtklinischer Arrhythmien;
5. PES beurteilt momentane Arrhythmiesuppression, dynamische Faktoren werden nicht berücksichtigt (Elektrolytverschiebungen, Myokardischämie, Schwankungen der Antiarrhythmika-Plasma-Konzentrationen).

Bis heute wird kein einheitliches Stimulationsprotokoll in allen elektrophysiologischen Labors verwendet, was den Vergleich verschiedener Untersuchungen teilweise sehr erschwert (Lown et al. 1986; Podrid 1985; Wellens et al. 1985). Ebenso gibt es unterschiedliche Auffassungen hinsichtlich des therapeutischen Endpunkts: Während ein Teil der Untersucher nur anhaltende Kammertachykardien als Endpunkt akzeptieren, begnügen sich andere mit der reproduzierbaren Induktion nichtanhaltender Tachykardien (definiert als Kammertachykardie, die innerhalb von 30 s spontan terminiert (Podrid et al. 1983). Die Effektivitätskriterien der antiarrhythmischen Therapie werden bei der PES ebenfalls unterschiedlich beurteilt: Während die komplette Suppression aller induzierbarer Arrhythmien allgemein als Indikator einer guten Prognose angesehen wird (Borggrefe u. Breithardt 1988; Denes et al. 1976; Hartzler u. Maloney 1977; Horowitz et al. 1978, 1980; Mason u. Winkle 1980; Spielmann et al. 1983; Swerdlow et al. 1983), haben andere Arbeitsgruppen jüngst auch die im Vergleich zur Kontrolluntersuchung erschwerte Auslösbarkeit von Kammertachykardien unter antiarrhythmischer Therapie als Effektivitätskriterium vorgeschlagen (Borggrefe u. Breithardt 1988; Borggrefe et al. 1988; Mc Govern et al. 1984; Naccarelli et al. 1985). Schließlich muß auch noch auf die Spontanvariabilität elektrisch induzierter Arrhythmien hingewiesen werden (Garan et al. 1986; Lombardi et al. 1986; Mc Pershon et al. 1985), die bei der Beurteilung der Effektivität einer antiarrhythmischen Therapie berücksichtigt werden müssen.

Ergebnisse der individualisierten Therapie bei Hochrisikopatienten

In einer eigenen Untersuchung (Hohnloser et al. 1987) wurden 94 Patienten mit malignen ventrikulären Arrhythmien (Kammerflimmern: n = 20, anhaltende VT: n = 41, nichtanhaltende VT: n = 33) einer seriellen Testung mit Antiarrhythmika unterzogen. Alle Patienten wiesen im Langzeit-EKG häufige komplexe ventrikuläre Rhythmusstörungen auf; zusätzlich wurden 88 der 94 Patienten symptomlimitiert belastet, wobei in 65 Fällen (74%) nichtanhaltende Kammertachykardien, in 15 Fällen (17%) ventrikuläre Paare und nur in 8 Fällen (9%) lediglich einfache VES bei der Ergometrie induziert wurden. Aufgrund dieser Patientenselektion konnte bei allen Patienten das nichtinvasive Testverfahren angewendet werden. Alle Patienten wurden einer seriellen Testung unterzogen, wobei im Mittel 4,9 verschiedene Antiarrhythmika pro Patient (minimal 3, maximal 10 Substanzen) getestet wurden.

Mit Hilfe einer logistischen Regressionsanalyse wurden die wichtigsten Determinanten der Effektivität der Antiarrhythmika während der seriellen Testung untersucht. Hierbei zeigte sich, daß die linksventrikuläre Funktion sowie die Zahl nichtanhaltender Kammertachykardien im Langzeit-EKG während der Kontrollphase die entscheidenden Determinanten waren (Abb. 1). Patienten mit einer linksventrikulären Ejektionsfraktion (LVEF) ≤35% sowie Tachykardieepisoden in ≥ 50% der Langzeit-EKG-Registrierstunden sprachen im Mittel nur auf 25% der getesteten Antiarrhythmika an. Patienten mit besserer Kammerfunktion und weniger häufigen Kammertachykardien zeigten unter 52% der untersuchten Pharmaka eine ausreichende Arrhythmiesuppression.

Die Patienten wurden in der Folge im Mittel 13,3 Monate (Bereich 1–39 Monate) nachbeobachtet. Während dieser Zeit verstarben 9 Patienten plötzlich, während sich Arrhythmierezidive (definiert als nichtanhaltende oder anhaltende

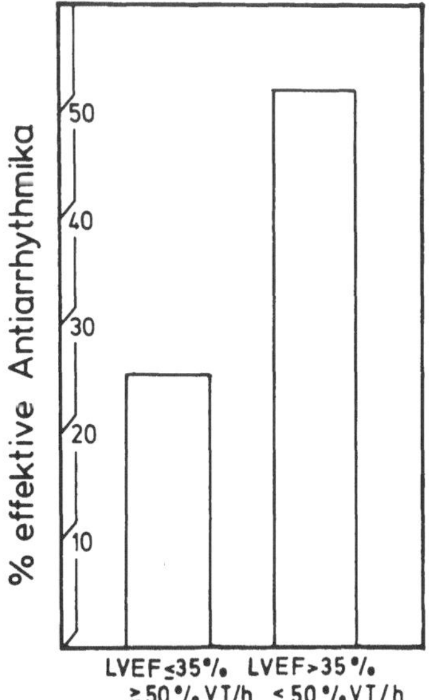

Abb. 1. Nichtinvasive Therapiekontrolle: Antiarrhythmische Effektivität bei Patienten mit schlechter Ventrikelfunktion (LVEF ≤35%) und häufigen Kammertachydardien (≥ 50% der Monitorstunden), verglichen mit Patienten mit besserer Kammerfunktion und weniger häufigen Arrhythmien

VT je nach initial dokumentierter Arrhythmie) bei 19 ereigneten. Bezogen auf das gesamte Patientenkollektiv betrug die jährliche Inzidenz des plötzlichen Herztodes somit 8,9%. Zur Berechnung der jährlichen Mortalitätsraten in bezug auf die Effektivität der antiarrhythmischen Therapie zum Zeitpunkt der Hospitalentlassung wurden 4 Patienten, die unter einer Therapie mit Amiodaron standen, nicht berücksichtigt. Insgesamt waren die Arrhythmien im Langzeit- und Belastungs-EKG bei 75 Patienten effektiv kontrolliert, wohingegen in 15 Fällen noch nichtanhaltende Kammertachykardien mit einem der beiden Testverfahren nachzuweisen waren. Von den 75 kontrollierten Patienten verstarben während

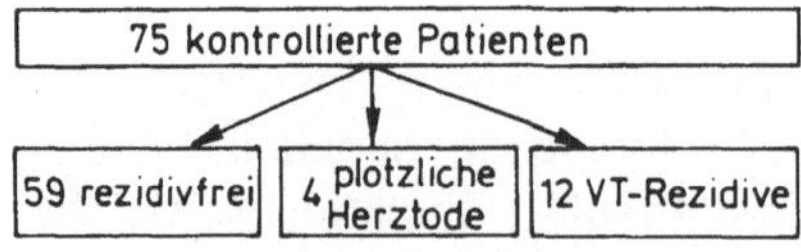

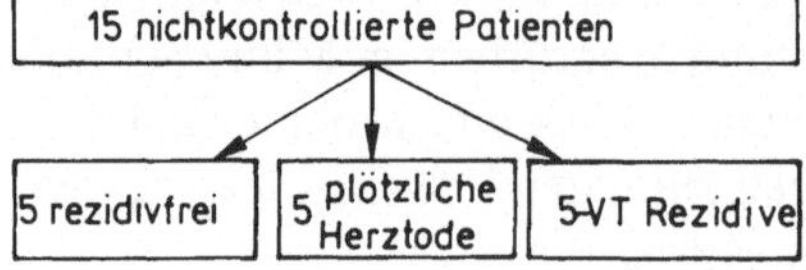

Abb. 2. Nichtinvasive Therapiekontrolle: Plötzliche Todesfälle und Arrhythmierezidive während der Nachbeobachtung (im Mittel 13, 3 Monate) in Abhängigkeit vom Entlassungsstatus

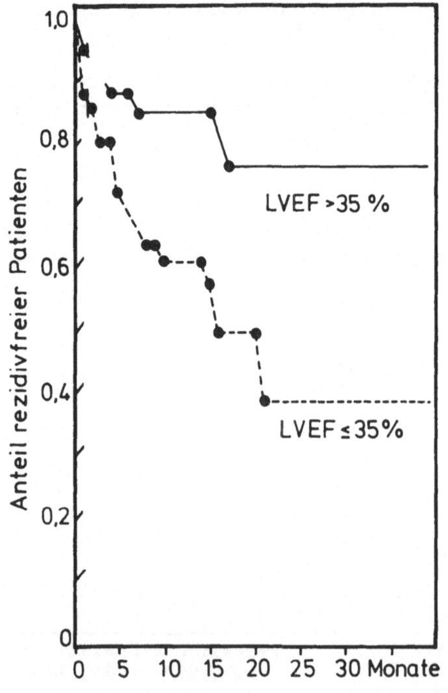

Abb. 3. Nichtinvasive Therapiekontrolle: Ereigniskurven der kumulativen Häufigkeit von plötzlichen Todesfällen und Arrhythmierezidiven in Abhängigkeit von der linksventrikulären Funktion

der Nachbeobachtung 4 plötzlich, was einer jährlichen Inzidenz des plötzlichen Herztodes von 4,8% entsprach. Demgegenüber verstarb genau ein Drittel der Patienten, deren spontane Arrhythmien nicht effektiv supprimiert werden konnten, was einer jährlichen Inzidenz von 36,5% entsprach (Abb. 2). Diese Differenz war statistisch hochsignifikant (p = 0,0006; Fishers exakter Test) und belegt den prognoseverbessernden Effekt der individualisierten antiarrhythmischen Therapie. Auch für die Langzeiteffektivität der antiarrhythmischen Therapie war die linksventrikuläre Funktion der entscheidende Parameter. Bei den 9 plötzlich verstorbenen Patienten sowie bei den 19 mit nichtfatalen Arrhythmierezidiven betrug die LVEF im Mittel 31%, verglichen mit einer solchen von 44% bei Patienten ohne Rezidive (p = 0,001; Fishers exakter Test; Abb. 3).

Eine ähnliche Prognoseverbesserung durch eine gezielte antiarrhythmische Therapie bei Patienten der Hochrisikogruppe haben Autoren berichtet, die die antiarrhythmische Behandlung mit Hilfe der programmierten Ventrikelstimulation überprüft haben. Borggrefe u. Breithardt (1986) untersuchten 95 Patienten mit ventrikulären Tachyarrhythmien mit Hilfe der PES und stellten die antiarrhythmische Therapie mit dieser Methode ein. Auch sie testeten im Mittel 4 verschiedene Antiarrhythmika pro Patient. Bei den 36 Patienten, bei denen keine effektive antiarrhythmische Therapie gefunden werden konnte, betrug die jährliche Rezidivrate 44,4%. Bei Patienten, bei denen unter antiarrhythmischer Therapie entweder gar keine VT mehr induziert werden konnte oder aber nur noch unter Verwendung eines aggressiveren Stimulationsprotokolls, betrug die jährliche Rezidivrate 7%. Andere Untersucher sind zu ähnlichen Ergebnissen gekommen (Horowitz et al. 1980; Mason u. Winkle 1980; Swerdlow et al. 1983). Wilber et al. (1988) untersuchten 131 Patienten mit dokumentiertem tachykardem Herzstillstand elektrophysiologisch und testeten die antiarrhythmische Therapie mit der programmierten Ventrikelstimulation. Während der Nachbeobachtung betrug die Inzidenz des plötzlichen Herztodes 12% nach 1 Jahr; von den 91 Patienten, bei denen diese Untersucher eine effektive antiarrhythmische Therapie gefunden hatten, erlitten 11 (12%) einen neuerlichen Herzstillstand, verglichen mit 12 von 36 Patienten (33%), bei denen auch unter Antiarrhythmika noch Kammertachykardien induzierbar waren. Die multivariate Analyse ergab, daß Patienten mit einer LVEF < 30% und unter antiarrhythmischer Therapie weiterhin induzierbaren Kammertachykardien ein 10fach höheres Risiko eines erneuten Herzstillstands aufwiesen als Patienten ohne diese Merkmale.

Vergleich des nichtinvasiven mit dem invasiven Testverfahren

Bislang ist nur eine Untersuchung publiziert worden, in der bei Patienten mit malignen Arrhythmien randomisiert das nichtinvasive mit dem invasiven Testverfahren verglichen wurde (Mitchel et al. 1987). In diese Studie waren 57 Patienten aufgenommen worden. Bei diesen waren im Langzeit-EKG häufige Spontanarrhythmien nachweisbar und bei der PES eine Kammertachykardie induziert worden. Randomisiert wurde in 29 Fällen die antiarrhythmische Therapie nichtinvasiv und in 28 Fällen invasiv getestet und eingestellt. Symptomatische Tachykardierezidive ereigneten sich während der Nachbeobachtung bei 13 der

29 nichtinvasiv getesteten Patienten (45%) und bei 5 der 28 invasiv getesteten (18%). Die Autoren schlossen aus diesen Ergebnissen, daß die invasive Methode der nichtinvasiven überlegen sei. Einschränkend muß allerdings gesagt werden, daß zum einen die Häufigkeit des plötzlichen Herztodes in beiden Gruppen gleich war und daß zum anderen die Patientenzahl zu klein war, als daß weitreichende Schlußfolgerungen hätten gezogen werden können. Interessanterweise konnten die Autoren von 115 konsekutiven Patienten nur 57 randomisieren, da alle übrigen Patienten nicht für beide Testverfahren geeignet waren (keine Spontanarrhythmien oder keine Kammertachykardie induzierbar). Kim et al. (1986) konnten darüber hinaus zeigen, daß Patienten, die unter antiarrhythmischer Therapie weiterhin bei der PES induzierbar sind, im Langzeit-EKG aber eine signifikante Reduktion ihrer Spontanarrhythmien zeigen, ebenfalls eine gute Prognose haben. Andere Autoren haben ähnliche Beobachtungen gemacht (Podrid 1985).

Schlußfolgerungen

Bei Patienten der „Hochrisikogruppe" für den plötzlichen Herztod konnte in den letzten Jahren eine Prognoseverbesserung durch eine gezielte individualisierte antiarrhythmische Therapie unabhängig von der zur Effektivitätsprüfung der Therapie verwendeten Testmethode nachgewiesen worden. Dies wird auch durch die Tatsache belegt, daß das Absetzen einer effektiven antiarrhythmischen Therapie bei diesen Hochrisikopatienten innerhalb weniger Tage bis Wochen in einem hohen Prozentsatz der Fälle zum Auftreten symptomatischer, häufig auch tödlicher Arrhythmierezidive führt (Borggrefe u. Breithardt 1988; Graboys et al. 1986). Das nichtinvasive Testverfahren und die programmierte Elektrostimulation sind nicht als konkurrierende, sondern als 2 sich ergänzende Verfahren anzusehen. Bei der Mehrzahl der Patienten müssen beide Methoden angewendet werden. Patienten, bei denen mit keinem der beiden geschilderten Testverfahren eine wirksame medikamentöse Therapieeinstellung erreicht werden kann, müssen alternativen Behandlungsverfahren wie der Arrhythmiechirurgie oder der Implantation automatischer Defibrillatoren zugeführt werden.

Literatur

Armbrust CA, Levine SA (1950) Paroxysmal ventricular tachycardia: a study of one hundred and seven cases. Circulation 1:28–40
Borggrefe M, Breithardt G (1986) Abgestufte Kriterien zur Beurteilung der Effektivität einer antiarrhythmischen Therapie bei Patienten mit ventrikulären Tachyarrhythmien mittels serieller elektrophysiologischer Testung. Z Kardiol 75:70–79
Borggrefe M, Breithardt G (1988) Ventrikuläre Tachykardien: Serielle elektrophysiologische Testung zur Wirksamkeitskontrolle. In: Lüderitz B, Antoni H (Hrsg) Perspektiven der Arrhythmiebehandlung, Springer, Berlin Heidelberg New York Tokyo, S 73–87
Borggrefe M, Trampisch HJ, Breithardt G (1988) Reappraisal of criteria for assessing drug efficacy in patients with ventricular tachyaarrhythmias: Complete versus partial suppression of inducible arrhythmias. J Am Coll Cardiol 12:140–149
Cobb LA, Baum RS, Alvarez H, Schaffer WA (1975) Resuscitation from out-of-hospital ventricular fibrillation: 4 years follow-up. Circulation 51–52:223–228 (Supplement III)

Coumel P, Cabrol C, Fabiato A, Guorgon R, Slama R (1967) Tachycardie permanente par rhythme reciproque. Arch Mal Coeur 60:1830–1864

Denes P, Wu D, Dhingra RC, Amat-y-Leon F, Wyndham CR, Mautrer RK, Rosen KM (1976) Electrophysiologic studies in patients with recurrent ventricular tachycardia. Circulation 54:229–236

Durrer D, School L. Schuilenburg RM, Wellens HJJ (1967) The role of premature beats in the initiation and termination of supraventricular tachycardia in the Wolff-Parkinson-White syndrome. Circulation 36:644–662

Garan H, Stavins CS, McGovern B, Kelly E, Ruskin JN (1988) Reproducibility of ventricular tachycardia suppression by antiarrhythmic drug therapy during electrophysiologic testing in coronary artery disease. Am J Cardiol 58:977–980

Graboys TB, Almeida EC, Lown B (1986) Recurrence of malignant vetricular arrhythmia after antiarrhythmic drug withdrawal. Am J Cardiol 58:59–62

Hartzler GO, Maloney JD (1977) Programmed ventricular stimulation in management of recurrent ventricular tachycardia. Mayo Clin Proc 52:731–741

Herrman GR, Park HM, Hejtmancik MR (1959) Paroxysmal ventricular tachycardia: a clinical and electrocardiographic studiy. Am Heart J 57:166–176

Hohnloser SH, Raeder EA, Podrid PJ, Graboys TB, Lown B (1987) Predictors of antiarrhythmic drug efficacy in patients with malignant ventricular tachyarrhythmias. Am Heart J 114:1–7

Horowitz LN, Josephson ME, Farshidi A, Spielman SR, Michelson EL, Greenspan AN (1978) Recurrent sustained ventricular tachycardia. 3. Role of the electrophysiologic study in selection of antiarrhythmic regimens. Circulation 58:986–997

Horowitz LN, Josephson ME, Kastor JA (1980) Intracardiac electrophysiologic studies as a method for optimization of drug therapy in chronic ventricular arrhythmia. Prog Cardiovasc Dis 23:81–98

Josephson ME, Horowitz LN, Farshidi A, Kastor JA (1978) Recurrent sustained ventricular tachycardia. 1. Mechanisms. Circulation 57:431–440

Kim SG, Seiden SW, Felder SD, Waspe LE, Fisher JD (1986) Is programmed stimulation of value in predicting the long-term success of antiarrhythmic therapy for ventricular tachycardias? N Engl J Med 315:356–362

Lombardi F, Stein J, Podrid PJ, Graboys TB, Lown B (1986) Daily reproducibility of electrophysiologic test results in malignant ventricular arrhythmia. Am J Cardiol 57:96–101

Lown B, Graboys TB, Podrdi PJ, Lampert S, Blatt CM (1986) Historic perspectives – electrical stimulation of the heart. Circulation 73 (Suppl II):3–10

Mason J, Winkle RA (1980) Accuracy of the ventricular tachycardia-induction study for predicting long-term efficacy and inefficacy of antiarrhythmic drugs. N Engl J Med 303:1073–1077

McGovern B, Garan H, Malacoff RF, Di Marco JP, Grant G, Sellers TD, Ruskin JN (1984) Long-term clinical outcome of ventricular tachycardia or fibrillation treated with amiodarone. Am J Cardiol 53:1558–1563

McPershon CA, Rosenfeld LE, Batsford WP (1985) Day-to-day reproducibility of responses to right ventricular programmed electrical stimulation: Implications for serial drug testing. Am J Cardiol 55:689–695

Mitchell LB, Duff HJ, Manyara DE, Wyse DG (1987) A randomized clinical trial of the noninvasive and invasive approaches to drug therapy of ventricular tachycardia. N Engl J Med 317:1681–1687

Naccarelli GV, Fineberg N, Zipes DP, Heger JJ, Duncan G, Prystowsky EN (1985) Amiodarone: Risk factors for recurrence of symptomatic ventricular tachycardia identified at electrophysiologic study. J Am Coll Cardiol 6:814–821

Podrid PJ, Schöneberger A, Lown B, Lampert S, Matos J, Porterfield J, Raeder E, Corrigan E (1983) Use of nonsustained ventricular tachycardia as a guide to antiarrhythmic drug therapy in patients with malignant ventricular arrhythmia. Am Heart J 105:181–188

Podrid PJ (1985) Treatment of ventricular arrhythmia. Applications and limitations of noninvasive vs invasive approach. Chest 88:121–128

Raeder EA, Hohnloser SH, Graboys TB, Podrdi PJ, Lampert S, Lown B (1988) Spontaneous variability and circadian distribution of ectopic activity in patients with malignant ventricular arrhythmia. J Am Coll Cardiol 12:656–661

Ryan M, Lown B, Horn H (1975) Comparison of ventricular ectopic activity during 24-hour monitoring and exercise testing in patients with coronary heart disease. N Engl J Med 292:224–229

Spielman SR, Schwartz JS, McCarthy DM, Horowitz LN, Greespan AM, Sadowski LM, Josephson ME, Waxman HL (1983) Predictors of the success or failure of medical therapy in patients with chronic recurrent sustained ventricular tachycardia: A discriminant analysis. J Am Coll Cardiol 1::401–408

Swerdlow CD, Winkle RA, Mason JW (1983) Determinants of survival in patients with ventricular tachyarrhythmias. N Engl J Med 308:1436–1442

Wellens HJJ, Brugada P, Stevenson WG (1985) Programmed electrical stimulation of the heart in patients with lifethreating ventricular arrhythmias: What is the significance of induced arrhythmias and what is the correct stimulation protocol? Circulation 72:1–7

Wilber DJ, Garan H, Finkelstein D, Kelly E, Newell J, McGovern B, Ruskin JN (1988) Out-of-hospital cardiac arrest. Use of electrophysiologic testing in predicting long-term outcome. N Engl J Med 318:19–24

Williams C, Ellis LB (1943) Ventricular tachycardia: an analysis of thirty-six cases. Arch Int Med 71:137–156

Wirkungsvergleich von Klasse-I-Antiarrhythmika

Einfluß der Klasse-I-Antiarrhythmika Prajmalin, Tocainid und Flecainid auf das signalgemittelte EKG

L. Goedel-Meinen, M. Hofmann, W. Maier-Rudolph

Nach wie vor stellt der plötzliche Herztod mit ca. 100000 Toten pro Jahr allein in der Bundesrepublik Deutschland eines der Hauptprobleme der Kardiologie dar (Steinbeck 1987). In dem Versuch, ihn zu verhindern, werden weltweit Klasse-I-Antiarrhythmika eingesetzt, da bekanntermaßen in der überwiegenden Mehrzahl ventrikuläre Tachyarrhythmien seine Ursache bilden (Kempf u. Josephson 1983; Milner et al. 1983; Pratt et al. 1983). Die pathophysiologische Basis besteht zumeist in kreisenden Erregungen, deren Hauptbedingung Zonen mit verzögerter Erregungsleitung darstellen (Schmitt u. Erlanger 1929; Wit u. Rosen 1983). Diese lassen sich mit Hilfe des Signalmittelungs-EKG nichtinvasiv als Spätpotentiale darstellen, d. h. als kleine elektrische Signale, die nach Beendigung der normalen Kammererregung, also am Ende des QRS-Komplexes und in der folgenden ST-Strecke auftreten (Breithardt u. Borggrefe 1986, Hombach et al. 1980; Simson 1981; s. Abb. 1).

Da die Zonen verzögerter Erregung im Vergleich zur gesamten Ventrikelmasse nur klein sind, beträgt ihre Amplitude nur wenige Mikrovolt, so daß sie im Standard-EKG nicht sichtbar sind. Zu ihrer nichtinvasiven Registrierung im Oberflächen-EKG bedarf es der Verstärkung, Signalmittelung und Filterung (Breithardt u. Borggrefe 1986; Hombach et al. 1980; Simson 1981).

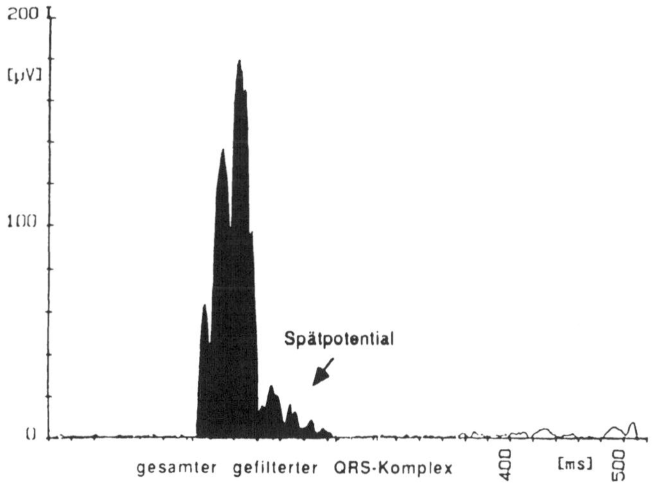

Abb. 1. Originalausdruck eines signalgemittelten EKG mit Spätpotential (*schwarz unterlegt*)

Da also das Signalmittelungs-EKG mit der Erfassung von Zonen verzögerter Erregung eine der Bedingungen ventrikulärer „Reentryarrhythmien" beschreibt, erscheint es sinnvoll, seine Eignung zur Therapiekontrolle von Klasse-I-Antiarrhythmika zu überprüfen. Als erster Schritt zur Beantwortung dieser komplexen Fragestellung müssen die Effekte der verschiedenen Klasse-I-Antiarrhythmika auf das Signalmittelungs-EKG ermittelt werden. Da hierzu bisher nur vereinzelte Daten vorliegen (Deniss et al. 1984; Goedel-Meinen et al. 1986; Kidwell et al. 1987; De Langen et al. 1985; Simson et al. 1983; Steinberg u. Freedman 1987), sollte in einer systematischen Studie geklärt werden, wie Antiarrhythmika der Klasse Ia, vertreten durch Prajmalin, der Klasse Ib, vertreten durch Tocainid, und der Klasse Ic, vertreten durch Flecainid (Klein 1985; Vaughan-Williams 1970), die Daten des signalgemittelten EKG beeinflussen.

Patientengut und Methodik

Alle Patienten wurden konsekutiv und prospektiv entsprechend folgender Aufnahmekriterien in die Studie aufgenommen:

- szintigraphisch oder angiographisch dokumentierte koronare Herzkrankheit oder Kardiomyopathie;
- häufige repetitive, ventrikuläre Arrhythmien (> 10 Couplets/24 h).

Insgesamt wurden 23 Patienten (5 Frauen und 18 Männer) untersucht in einem mittleren Alter von 57 Jahren. 12 Patienten litten an einer koronaren Herzkrankheit, davon hatten 8 Patienten vor mehr als 3 Monaten einen oder mehrere Myokardinfarkte durchgemacht. Die mittlere Auswurffraktion der koronarkranken Patienten lag bei 38%. Innerhalb von 24 Stunden waren im Mittel 638 Couplets und 118 Salven registriert worden. Die Patienten mit dilatativer Kardiomyopathie wiesen eine mittlere Auswurffraktion von 31% auf. Bei ihnen fanden sich im Mittel 744 Couplets und 35 Salven.

Die Patienten erhielten in Form einer Akuttestung von Klasse-I-Antiarrhythmika als orale Einzeldosis 40 mg Prajmalin, 800 mg Tocainid und 300 mg Flecainid sowie Placebo. Die Medikamentengabe erfolgte randomisiert, einfach

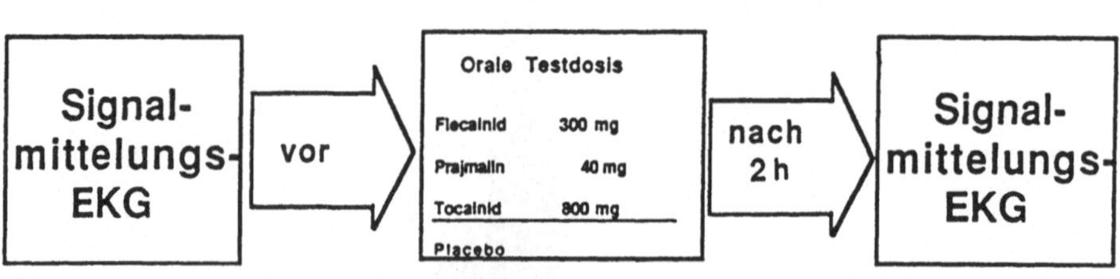

Abb. 2. Studienprotokoll

blind, im Abstand von 5 Halbwertszeiten der zuvor geprüften Substanz. Bei jedem Patienten wurde vor Antiarrhythmikagabe ein signalgemitteltes EKG durchgeführt. Die Elektroden wurden am Patienten belassen und die Messung wurde bei unveränderter Elektrodenlage 2 h nach Medikamenteneinnahme wiederholt (s. Abb. 2).

Die Ableitung der Signale erfolgte in 3 bipolaren Ableitungen x, y und z. Die Meßeinrichtung bestand aus Vorverstärker (Analog Devices, Modell 283, modifiziert nach Simson), Oszilloskop (Tectronic 912), Computer (HP 9826) und Plotter (HP 7470 A). Die Geräte waren transportabel auf einem Wagen untergebracht. Nach einem Programm von Simson wurde nach Verstärkung, Signalmittelung und Filterung die Dauer und Spannung des gesamten gefilterten QRS-Komplexes ermittelt (Simson 1981). Zusätzlich erfolgte nach einer Modifikation von Karbenn eine automatische Identifikation von Spätpotentialen (Karbenn et al. 1985).

Ergebnisse

Der statistische Vergleich der Meßdaten erfolgte nach dem Wilcoxon-Test für Paardifferenzen.

Placebo
13 von 23 Patienten (56%) zeigten sowohl als Ausgangsbefund als auch unter Placebo einen positiven Spätpotentialbefund. Bei keinem der gemessenen Parameter kam es zu einer gerichteten Veränderung (s. Tabelle 1).

Prajmalin
Von den 20 Patienten, die eine Dosis von 40 mg Prajmalin erhalten hatten, zeigten 11 Patienten (55%) ein Spätpotential, das unter dem Antiarrhythmikum immer erhalten blieb. 2 Patienten entwickelten nach Antiarrhythmikagabe ein neues Spätpotential, während bei 9 Patienten vor und während der Testung ein anhaltend negativer Spätpotentialbefund registriert wurde. Unter Prajmalin kam es zu einer signifikanten Zunahme der Dauer des gesamten gefilterten QRS-Komplexes und zu einer Abnahme der mittleren Spannung, die nicht das Signifikanzniveau erreichte (s. Tabelle 1).

Tocainid
Bei 9 von 18 Patienten (50%) wurde vor und unter 800 mg Tocainid ein positiver und bei ebenfalls 9 Patienten ein negativer Spätpotentialbefund registriert. Darüber hinaus zeigten weder die Dauer des gesamten gefilterten QRS-Komplexes noch dessen mittlere Spannung eine signifikante Veränderung (s. Tabelle 1).

Flecainid
8 von 17 Patienten (47%), die eine Dosis von 300 mg Flecainid erhalten hatten, wiesen vor und unter dem Antiarrhythmikum ein Spätpotential auf. 3 Patienten zeigten einen anhaltend negativen Spätpotentialbefund, während bei 6 Patienten mit negativem Ausgangsbefund erstmals ein Spätpotential unter Flecainid regi-

striert wurde. Der gesamte gefilterte QRS-Komplex zeigte eine signifikante Zunahme seiner Dauer und Abnahme der Spannung (s. Tabelle 1).

Diskussion

Mit dem Signalmittelungs-EKG ist eine neue, nichtinvasive Methode zur Erfassung von Zonen verzögerter Erregung entwickelt worden, die sich als ventrikuläre Spätpotentiale darstellen lassen (Breithardt u. Borggrefe 1986; Hombach et al. 1980; Simson 1981). Erwartungsgemäß liegt die Inzidenz dieser Spätpotentiale in unserer Patientengruppe mit fortgeschrittener Grunderkrankung und hochgradigen ventrikulären Arrhythmien relativ hoch. So wies ca. die Hälfte der Patienten einen positiven Befund auf. Im Rahmen einer Akuttestung von Klasse-I-Antiarrhythmika bei diesen Patienten haben wir die Frage untersucht, welche Veränderungen des signalgemittelten EKG unter antiarrhythmischer Medikation auftreten. Als wichtige Voraussetzung hierfür ist die ausreichende Reproduzierbarkeit der signalgemittelten Meßparameter in stabilen Ausgangssituationen anzusehen. Deshalb verwendeten wir ein Modell der oralen Akuttestung, das auf einer Wiederholung der Messung bei unveränderter Elektrodenposition beruht. Bei einer solchen Versuchsanordnung hatte sich in vorausgehenden Untersuchungen zur Reproduzierbarkeit sowohl die Dauer als auch die Spannung des gesamten gefilterten QRS-Komplexes als sehr konstant erwiesen (Goedel-Meinen et al. 1987). Um auch Einflüsse durch konsekutive Medikamentenwirkung sowie den Placeboeffekt weitgehend auszuschließen, wurden die Medikamente in randomisierter Reihenfolge, einfach blind, gegen Placebo getestet.

Als problematisch könnte die fixe Dosierung der Medikamente angesehen werden. Die von uns konsekutiv an den jeweils 10 ersten Patienten erhobenen Blutspiegel lagen jedoch zum Meßzeitpunkt unter allen 3 Antiarrhythmika im jeweiligen Normbereich. Somit dürfen wir von einer ausreichenden Vergleichbarkeit der Antiarrhythmika ausgehen.

Alle 3 von uns verwendeten Klasse-I-Antiarrhythmika bewirken in einem mehr oder weniger starken Ausmaß eine Blockierung der Natriumkanäle und

Tabelle 1. Mittelwert und Standardabweichung der Dauer sowie der Spannung des gesamten gefilterten QRS-Komplexes vor sowie 2 h nach Verabreichung von Placebo, Prajmalin, Tocainid und Flecainid. Alle Zeitangaben in ms, alle Spannungsangaben in μV. Der statistische Vergleich erfolgte nach dem Wilcoxon-Test für Paardifferenzen

| | Gesamter gefilterter QRS-Komplex | | | | | |
| | Dauer | | | Spannung | | |
	vorher	nachher	Wilcoxon	vorher	nachher	Wilcoxon
Placebo	120 ± 24	119 ± 23	n.s.	76 ± 32	78 ± 31	n.s.
Prajmalin	126 ± 21	144 ± 31	$p < 0,05$	81 ± 27	69 ± 23	n.s.
Tocainid	123 ± 26	126 ± 28	n.s.	71 ± 32	67 ± 30	n.s.
Flecainid	117 ± 24	146 ± 53	$p < 0,001$	86 ± 26	66 ± 22	$p < 0,001$

führen demzufolge zu einer Verlangsamung des schnellen Einstroms während der Depolarisation (Estler 1986; Schulze u. Knops 1982; Zipes und Troup 1978). Dies äußert sich elektrophysiologisch in einer Verminderung der Anstiegssteilheit des Aktionspotentials der Phase 0 (Klein 1985; Vaughan-Williams 1970).

Entsprechend ihrem Einfluß auf die Membranströme lassen sich die Klasse-I-Antiarrhythmika nach Vaughan-Williams noch weiter unterteilen (Milner et al. 1983; Zipes u. Troup 1978). Die Untergruppe **Ia** umfaßt Antiarrhythmika vom Chinidintyp, wie z. B. Prajmalin. Zur Untergruppe **Ib** zählen Antiarrhythmika vom Lidocaintyp, wie z. B. Tocainid, und als Vertreter der Untergruppe **Ic** wurde Flecainid gewählt (Klein 1985; Vaughan-Williams 1970).

Die Ergebnisse unserer Untersuchung bestätigten unsere Hypothese, daß der verschieden starke Einfluß der Klasse-I-Antiarrhythmika auf die Leitungsgeschwindigkeit auch bei nichtinvasiver Messung im Signalmittelungs-EKG ablesbar sein müßte. Die Messungen unter Placebomedikation hatten bei keinem einzigen Patienten und bei keinem Meßwert eine signifikante Änderung oder auch nur gerichtete Tendenz ergeben. Damit unterstreicht der fehlende Einfluß der Placebomedikation die Bedeutung der Veränderung unter dem jeweiligen Antiarrhythmikum.

So bewirkte *Prajmalin* als Klasse-Ia-Antiarrhythmikum, mit einer deutlichen Hemmung der Natriumkanäle in der Phase 0 des Aktionspotentials, eine signifikante Zunahme der Dauer des gesamten gefilterten QRS-Komplexes. Dabei bezieht sich der leitungsverzögernde Effekt von Prajmalin sowohl auf das normale Ventrikelmyokard als auch auf Zonen bereits beeinträchtigter Erregungsleitung. Bei 2 Patienten kam es sogar zum Auftreten von neuen Spätpotentialen. Andere Untersuchungen zum Einfluß von Prajmalin auf das signalgemittelte EKG sind uns nicht bekannt. Vergleichend sind evtl. Daten über Disopyramid, ein anderes Klasse-Ia-Antiarrhythmikum, heranzuziehen. So fand Simson ebenfalls eine Zunahme der Dauer des gesamten gefilterten QRS-Komplexes, die jedoch nicht das Signifikanzniveau erreichte (Simson et al. 1983).

Das Klasse-Ib-Antiarrhythmikum *Tocainid* ist durch eine schnelle Rückbildung der natriumkanalblockierenden Wirkung charakterisiert (Oshita et al. 1980). Damit kommt es nur zu einer geringen Herabsetzung der Erregungsleitungsgeschwindigkeit. Entsprechend fanden wir im signalgemittelten EKG keine signifikanten Änderungen, weder der Dauer noch der Spannung des gesamten gefilterten QRS-Komplexes. Es trat auch kein Wechsel in der Inzidenz von Spätpotentialen auf. Auch hier fehlen weitere Untersuchungen zum Einfluß von Tocainid auf das signalgemittelte EKG. Einzelne Ergebnisse unter Mexiletin, einem Antiarrhythmikum, das ebenfalls der Klasse Ib zugeordnet wird, ergaben eine entsprechende Befundkonstellation: So fand Simson bei 9 Patienten keine signifikanten Änderungen in den Daten des signalgemittelten EKG unter Mexiletin (Simson et al. 1983). Auch Denniss gelang es nicht, konsistente Effekte von Mexiletin auf die Spätpotentiale festzustellen (Denniss et al. 1984).

Anders als Tocainid bewirkt *Flecainid,* ein neueres Klasse-I-Antiarrhythmikum der Untergruppe c, eine starke Hemmung des Natriumkanals und eine ausgeprägte Leitungsverzögerung (Hellestrand et al. 1982). Entsprechend kommt es zu einer signifikanten Zunahme der Dauer des gesamten gefilterten QRS-Komplexes sowie zu einer Abnahme von dessen Spannung. Gleichzeitig traten bei 6 von 9 Patienten, deren Signalmittelungs-EKG vor Antiarrhythmikagabe kein Spätpotential zeigte, erstmals eine verzögerte Aktivität am Ende des QRS-Komplexes auf.

Insgesamt konnten wir also in unseren Untersuchungen in einigen Fällen das Neuauftreten von Spätpotentialen unter Klasse-I-Antiarrhythmika, besonders unter Flecainid, feststellen. Zuvor wurde dieses Phänomen des Auftretens neuer Spätpotentiale unter Klasse-I-Antiarrhythmika schon bei endo- und epikardialer Ableitung beschrieben (Gallagher et al. 1986; Gessmann et al. 1983). Dagegen fanden wir in keinem Fall eine Beseitigung dieser verspäteten Erregungen. Entsprechend konstatierte Simson, daß unter verschiedenen Klasse-I-Antiarrhythmika im signalgemittelten EKG die Spätpotentiale nie beseitigt wurden (Simson et al. 1983). Auch die Beobachtungen anderer Autoren lassen auf eine hohe Persistenz der Spätpotentiale unter Klasse-I-Antiarrhythmika schließen (Jauernig et al. 1983; De Langen et al. 1985; Rozanski et al. 1981). Nur in Einzelfällen wird über eine Beseitigung von Spätpotentialen durch Klasse-I-Antiarrhythmika berichtet (Denniss 1984; Steinberg u. Freedman 1987). Bezüglich des gesamten gefilterten QRS-Komplexes wird jedoch in Übereinstimmung mit unseren Befunden einheitlich eine Zunahme der Dauer unter Klasse-I-Antiarrhythmika beschrieben (De Langen et al. 1985; Simson et al. 1983; Steinberg u. Freedman 1987).

Die Wirkung von Klasse-I-Antiarrhythmika auf das signalgemittelte EKG ist also deutlich ablesbar und wahrscheinlich von der verwendeten Untergruppe abhängig. Die in der vorliegenden Studie analysierten Einflüsse von Klasse-I-Antiarrhythmika auf das Signalmittelungs-EKG geben damit eine Basis, um in Langzeitbeobachtungen prüfen zu können, ob und welche Veränderungen der signalgemittelten Parameter die Prognose antiarrhythmisch behandelter Patienten mitbestimmen.

Literatur

Breithardt G, Borggrefe M (1986) Pathophysiological mechanisms and clinical significance of ventricular late potentials. Eur Heart J 7:364–385

Chamberlain DA (1980) Oral mexiletine in high risk patients after acute myocardial infarction. (VIII European Congress of Cardiology, Paris, Abs. 2654)

De Langen CDJ, Spear JF, Levine JH, Moore EN (1985) The effect of proclainamide on body surface late potentials and epicardial activation in infarcted dogs. Circulation 72:(Suppl III) 225

Denniss AR, Ross DL, Cody DV, Ho B, Russell PA, Young AA (1984) Effect of antiarrhythmic therapy on delayed potentials in patients with ventricular tachycardia. JACC 3:495

Estler CJ (1986) Lehrbuch der allgemeinen und systematischen Pharmakologie und Toxikologie. Schattauer, Stuttgart–New York

Gallagher JD, Fernandez J, Maranhao V, Gessman LJ (1986) Simultaneaous appearance of endocardial late potentials and ability to induce sustained ventricular tachycardia after procainamide administration. J. Electrocardiol 19:197–202

Gessman L, Gallagher J, Del Rossi A, Fernandez J, Strong M, Maranhao V (1983) Prolongation of late potentials by type I antiarrhythmic drugs coincident with inducibility of ventricular tachycardia. Circulation 68 (Suppl III):173

Goedel-Meinen L, Schmidt G, Hofmann M, Jahns G, Klein G, Baedeker W, Blömer H (1986) Spätpotentiale vor und während akuter Testung von Klasse-I-Antiarrhythmika. Z Kardiol 75 (Suppl 4):45

Goedel-Meinen L, Hofmann M, Schmidt G, Höglsperger H, Jahns G, Baedeker W, Blömer H (1987) Reproducibility of data of the signalaveraged electrocardiogram. Circulation 76:(Suppl IV) 0124

Hellestrand KJ, Bexton RS, Nathan AW, Spurell RAJ, Camm AJ (1982) Acute elctrophysiological effects of flecainide acetate on cardiac conduction and refractoriness in man. Br Heart J 58:140-148

Hombach V, Höpp HW, Braun V, Behrenbeck DW, Tauchert M, Hilger HH (1980) Die Bedeutung von Nachpotentialen innerhalb ST-Segmentes im Oberflächen-EKG bei Patienten mit koronarer Herzkrankheit. Dtsch Med Wochenschr 195:1457-1462

Jauernig RA, Senges J, Lengfelder W et al. (1983) Effect of antiarrhythmic drugs on ventricular late potentials at sinus rhythm and at constant heart rate. In: Steinbach K, Glogar D, Laszkovics A, Scheiblhofer W, Weber H (eds) Cardiac pacing. Steinkopff, Darmstadt, S. 72, 767

Karbenn U, Breithardt G, Borggrefe M, Simson MB (1985) Automatic identification of late potentials. J Electrocardiol 18:123-134

Kempf FC, Josephson ME (1983) Sudden cardiac death recorded on ambulatory electrocardiogram Circulation 68:III, 355

Kidwell GA, Greenspon AJ, Decaro M, Volosin KJ, Jefferies L (1987) Use of the signalaveraged electrocardiogram to predict antiarrhythmic drug effect on sustained ventricular tachycardia. Circulation 76:IV, 344

Klein G (1985) Pharmakotherapie ventrikulärer Arrhythmien. In: Schmidt G, Goedel-Meinen L, Blömer H (Hrsg) Bedeutung, Diagnostik und Therapie ventrikulärer Herzrhythmusstörungen. Tempo Medical, München, S. 45-58

Milner PG, Platia EV, Reid PR (1983) Holter monitoring recording at the time of sudden cardiac death. Circulation 68:III 106

Oshita S, Sada H, Kojima M, Ban T (1980) Effects of tocainide and lidocaine on the transmembrane action potentials as related to external potassium and calcium concentrations in guinea pig papillary muscle. Naunyn Schmiedebergs Arch Pharmacol 314:67-82

Pratt CM, Francis MJ, Luck JC (1983) Analysis of ambulatory electrocardiograms in 15 patients during spontaneous ventricular fibrillation with special reference to preceding arrhythmic events. J Am Coll Cardiol 2:789

Rozanski JJ, Mortara D, Myerburg RJ, Castellanos A (1981) Body surface detection of delayed depolarizations in patients with recurrent ventricular tachycardia and left ventricular aneurysm. Circulation 63:1172

Schmitt FO, Erlanger J (1929) Directional differences in the conduction of the impulse through heart muscle and their possible relation to extraxystolic and fibrillatory contractions. Am J Physiol 87:326-347

Schulze JJ, Knops J (1982) Effects of flecainide on contractile force and elctrophysiological parameters in cardiac muscle. Arzneim Forsch 32:1025-1029

Simson MB (1981) Use of signals in the terminal QRS-complex to identify patients with ventricular tachycardia after myocardial infarction. Circulation 64:235-242

Simson MB, Waxman HL, Falcone R, Marcus NH, Josephson ME (1983) Wirkungen von Antiarrhythmika auf nichtinvasiv registrierte Spätpotentiale. In: Breithardt G, Loogen F (Hrsg) Neue Aspekte in der medikamentösen Behandlung von Tachyarrhythmien (Die Bedeutung von Amiodaron). Urban & Schwarzenberg, München, S. 86-93

Steinbeck G (1987) Lebensbedrohliche ventrikuläre Herzrhythmusstörungen. Steinkopff, Darmstadt, S. V-VI

Steinberg JS, Freedman RA (1987) The signal averaged ECG does not predict drug efficacy in sustained ventricular arrhythmias. Circulation 76:IV, 344

Vaughan-Williams EM (1970) Classification of antiarrhythmic drugs. In: Sandoe E, Flensted-Jensen E, Oelsen KH (eds) AB Astra: Symposion on cardiac arrhythmias. Södertälje/Sweden, pp 449-472

Wit AL, Rosen MR (1983) Pathophysiologic mechanisms of cardiac arrhythmias. Am Heart J 106:798-811

Zipes DP, Troup PJ (1978) New antiarrhythmic agents- amiodarone, aprindine, disopyramide, ethmozin, mexiletine, tocainide, verapamil. Am J Cardiol 41:1005-1924

`Vergleichende Untersuchungen zur Wirksamkeit von Prajmalin, Flecainid und Propafenon bei ventrikulären Extrasystolen

W.-D. Bussmann, J. Szegedi[1], B. Daglinger

Vorbemerkungen

Bei der Behandlung von ventrikulären Rhythmusstörungen geht es um unterschiedliche Ziele. Eine häufige Behandlungsnotwendigkeit besteht bei der ventrikulären Extrasystolie, wenn der Patient die Extrasystolen als unangenehme Palpitationen empfindet und sich dadurch in seinem Allgemeinbefinden gestört fühlt. Dabei handelt es sich meist um monotope ventrikuläre Extrasystolen, die nur einen geringen Gefährdungsgrad haben.

Antiarrhythmika werden häufig für diese Indikation verordnet. Die Therapie wird meist intermittierend gestaltet. Anders bei schwerwiegenden ventrikulären Rhythmusstörungen, die mit ventrikulären Salven und ventrikulären Tachykardien einhergehen. Hier liegt in den meisten Fällen eine schwere Ventrikelfunktionsstörung vor. Das Antiarrhythmikum wird neben einer Behandlung der subjektiven Symptome auch aus prognostischen Gründen eingesetzt. Eine lebensverlängernde Wirkung durch Vermeidung des plötzlichen Herztodes kann bei diesen schwerwiegenden Rhythmusstörungen als wahrscheinlich angenommen werden.

In der vorliegenden Untersuchung ging es um einen Vergleich zwischen dem länger bekannten Prajmalin und zwei neueren Antiarrhythmika, Flecainid und Propafenon. Als Hauptparameter der Wirksamkeit wurde die Reduktion ventrikulärer Extrasystolen und Salven herangezogen.

Methodik

Patientenauswahl

In einer prospektiven, randomisierten und offenen Untersuchung wurde die Wirksamkeit von Prajmalin, Flecainid und Propafenon untersucht. Insgesamt wurden 61 Patienten beiderlei Geschlechts im Alter von 20–70 Jahren in die Untersuchung aufgenommen. Voraussetzung für die Aufnahme in die Studie war das Vorhandensein von mehr als 1000 ventrikulären Extrasystolen (VES) pro 24 h und/oder komplexen ventrikulären Arrhythmien. Als Ausschlußkriterien galten eine Herzinsuffizienz in einem höheren Stadium als II nach NYHA, Bradykardien, Reizleitungsstörungen, Blutdruckerhöhung mit diastolischen Werten >100 mmHg (13,3 kPa), Nierenfunktionsstörungen (Kreatinin >120 mmol/l), pathologisch erhöhte Leberwerte oder anamnestischer „Drogenikterus" sowie

---

[1] Die Untersuchungen wurden von Dr. Szegedi in Ungarn durchgeführt.

obstruktive Lungenerkrankungen. Außerdem wurden Patienten, die gleichzeitig andere Antiarrhythmika, trizyklische Antidepressiva oder β-Rezeptorenblocker erhielten, ausgeschlossen.

Untersuchungsanordnung

In einer offenen Versuchsanordnung schloß sich an eine 5 Tage dauernde Auswaschphase eine 14tägige Therapieperiode an. Langzeit-EKG wurden am Ende der Auswaschphase sowie nach 14tägiger Therapie durchgeführt.

Die Registrierung erfolgte mittels Holter-EKG (Oxford Monitoring System).

Bei 16 Patienten folgte auf die 1. eine 2. Therapiephase mit entsprechender Auswaschphase und bei 6 weiteren Patienten eine 3. Therapiephase; 11 Patienten wurden nur mit einer Substanz behandelt. Die Medikamente wurden in randomisierter Reihenfolge verabreicht.

Die Dosis von Prajmalin betrug 4mal 20 mg, die von Flecainid 2mal 100 mg und die von Propafenon 2mal 300 mg.

Ergebnisse

Von 21 Patienten, die Prajmalin erhielten, waren 8 Frauen und 13 Männer im mittleren Alter von 52 Jahren mit einer mittleren Größe von 166 cm und einem mittleren Gewicht von 74 kg. Unter den 20 Patienten, die Flecainid erhielten, waren 9 Frauen und 11 Männer mit einem mittleren Alter von 50 Jahren (Größe: 166 cm, Gewicht: 73 kg). 20 Patienten erhielten Propafenon. Es handelte sich um 6 Frauen und 14 Männer im mittleren Alter von 49 Jahren (mittlere Größe: 169 cm, mittleres Gewicht: 75 kg).

Von den 21 mit Prajmalin behandelten Patienten hatten 13 eine koronare Herzkrankheit, 4 davon im Stadium nach Infarkt und bei 3 Patienten lag eine Hypertonie vor. Bei 6 Patienten bestanden andere Erkrankungen. Von den 20 Patienten, die Flecainid erhielten, lag eine koronare Herzkrankheit bei 9, ein Zustand nach Infarkt bei 6 Patienten und eine Hypertonie bei 5 Patienten vor; 10 Patienten hatten andere Erkrankungen. Von den 20 Patienten, die Propafenon erhielten, litten 7 an koronarer Herzkrankheit, bei 6 lag ein Zustand nach Infarkt und bei 4 eine Hypertonie vor; 9 Patienten hatten Extrasystolen aufgrund anderer Erkrankungen.

In Abb. 1 sind die Mittelwerte der Anzahl der VES/24 h wiedergegeben. Unter Flecainid konnte die Anzahl von $18\,227 \pm 2659$ auf 8049 ± 2460 ($\pm$ SEM) reduziert werden, was einer Abnahme von 56% entspricht. Unter Prajmalin mit einem Ausgangswert von 13571 VES/24 h zeigte sich eine Reduktion auf 9114 pro 24 h, was einer Abnahme von 33% entspricht. Unter Propafenon konnte die Zahl der VES/24 h von 20595 auf 13137 reduziert werden; dies entspricht einer Abnahme um 36%.

In jeder Behandlungsgruppe schwankten die Ausgangspunkte von Patient zu Patient erheblich. So betrug die niedrigste Zahl der VES/24 h in der Gruppe mit Prajmalin 1271 in der Flecainidgruppe 1234, in der Propafenongruppe 3301 VES/24 h. Die höchsten Zahlen lagen bei allen 3 Gruppen zwischen 41000 und 45000 VES/24 h.

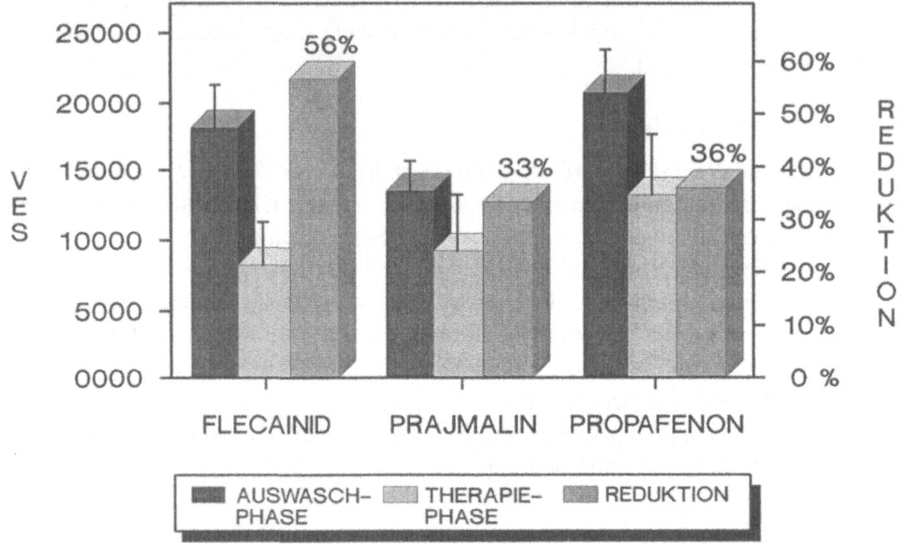

Abb. 1. Absolute Zahl der VES in 24 h sowie ihre prozentuale Reduktion. Unter Flecainid, Prajmalin und Propafenon kommt es, berücksichtigt man die Ausgangswerte, zu ähnlichen Reduktionen der ventrikulären Extrasystolie (Mittelwerte ± SEM)

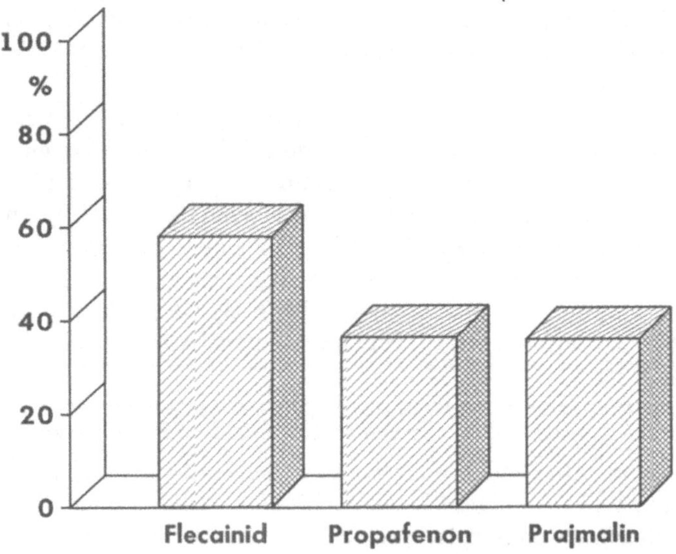

Abb. 2. Unter Flecainid kam es bei 58% der Patienten zu einer Reduktion der VES-Anzahl/24 h um mindestens 75%. Die Responderrate betrug unter Prajmalin 35% und unter Propafenon 37%

Außer den Mittelwerten ist die individuelle Ansprechbarkeit von Bedeutung. Als Responder wurde ein Patient definiert, dessen VES/24 h um mindestens 75% reduziert wurden. Unter Flecainidtherapie wurden bei 58% der Patienten die VES/24 h reduziert, unter Propafenon bei 37% und unter Prajmalintherapie bei 35% der Patienten (Abb. 2)

Als Maßstab für komplexe Herzrhythmusstörungen diente das Auftreten von ventrikulären Salven.

Die Salven waren in allen 3 Gruppen stark variabel und schwankten zwischen 1 und 6000 Ereignissen/24 h. Je nach Verteilung war dann auch die Anzahl in den einzelnen Therapiegruppen sehr unterschiedlich. In der Flecainidgruppe hatten 12 von 20 Patienten derartige komplexe Rhythmusstörungen, in der Prajmalingruppe nur 3 von 21 und in der Propafenongruppe 6 von 20 Patienten.

Die Zahl der ventrikulären Salven nahm in der Flecainidgruppe von 69 ± 52 auf 2 ± 2, in der Prajmalingruppe von 110 ± 97 auf 59 ± 52 Salven/h und in der Propafenongruppe von 338 ± 325 auf 104 ± 78 Salven/h ab. Daraus ergaben sich unterschiedlich prozentuale Abnahmen (Flecainid 97%, Prajmalin 47%, Propafenon 69%; Abb. 3).

Nebenwirkungen

Unter Flecainid kam es bei einem Patienten zu Atemnot, bei einem weiteren trat ein Pruritus auf; einmal stiegen die Leberwerte an; bei einem weiteren Patienten verstärkte sich eine Leukopenie bzw. in einem weiteren Fall ein AV-Block.

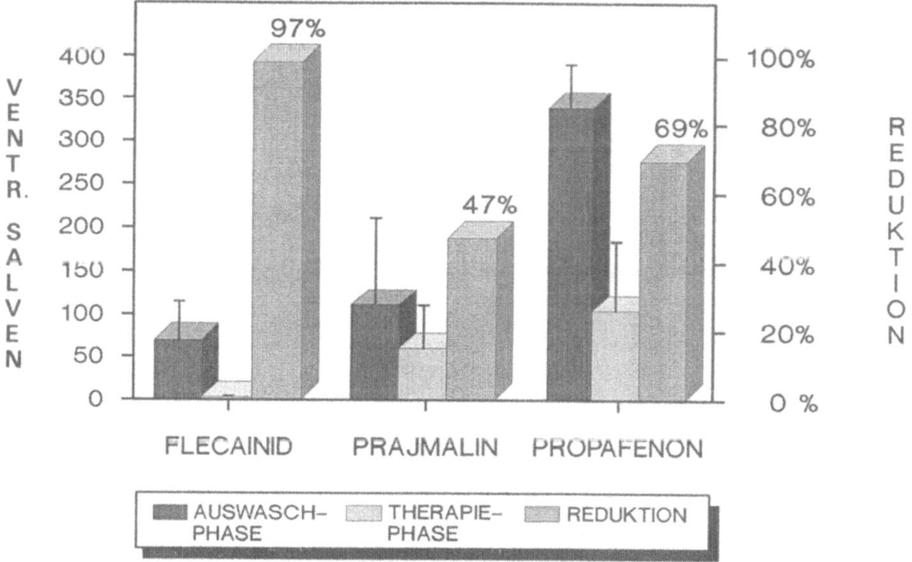

Abb. 3. Die Anzahl der ventrikulären Salven/24 h ist in einzelnen Therapiegruppen deutlich unterschiedlich. Dennoch kommt es in jeder Gruppe zu einer deutlichen Reduktion um mindestens 47% (Mittelwerte ± SEM)

Unter Prajmalin stiegen die Leberwerte GPT, GOT und γ-GT bei 5 Patienten an. Dabei handelte es sich in der Regel um eine Zunahme auf den doppelten oberen Normwert. In keinem Fall mußte deshalb die Therapie abgebrochen werden. Die Werte normalisierten sich nach Ende der Therapiephase. Bei einem Patienten trat ein Brustschmerz auf.

Unter Propafenon kam es bei einem Patienten zu einem allergischen Hautexanthem.

Diskussion

Die Ergebnisse zeigen, daß alle drei Antiarrhythmika die Häufigkeit ventrikulärer Arrhythmien reduzieren. Ob zwischen den untersuchten Antiarrhythmika bezüglich der Wirkung auf VES klinisch relevante Unterschiede bestehen, läßt sich nicht sicher entscheiden.

Trotz der randomisierten Verabreichung der drei Substanzen waren die Ausgangswerte in den drei Gruppen unterschiedlich. So war die VES-Anzahl in der Prajmalingruppe etwas niedriger als in den Vergleichskollektiven. Im Mittel ergaben sich aber ähnliche prozentuale Abnahmen der VES nach Flecainid, Prajmalin und Propafenon.

Auch die Ausgangswerte für die Anzahl der Salven schwankte von Patientengruppe zu Patientengruppe stark, so daß eine definitive statistische Aussage nicht möglich ist. Aus der unterschiedlichen Wirkung auf die ventrikulären Salven können schon deshalb keine Rückschlüsse gezogen werden, da die Fallzahlzuordnung zu den untersuchten Medikamenten zu unterschiedlich war. Dazu müßte ein spezielles Patientenkollektiv mit hoher Inzidenz ventrikulärer Salven herangezogen werden.

Über die Wirksamkeit der genannten Substanzen auf VES bestehen grundsätzlich keine Zweifel. Meinertz et al. (1984) wiesen nach, daß VES und komplexe Herzrhythmusstörungen sich nach Flecainid bei 14 von 15 Patienten ausreichend reduzieren ließen. Auch Bramann et al. (1984) konnten nach Flecainid die VES-Rate um 70% reduzieren und bei Patienten mit ventrikulären Salven eine ebenso hohe Erfolgsrate erzielen.

Petri et al. (1985) wiesen einer Doppelblind-, placebokontrollierten Cross-over-Studie nach, daß Propafenon die VES bei 56% der Patienten um 80–90% reduziert. Auch Dingh et al. (1988) dokumentierten für Propafenon eine sehr gute Responderrate. So war die Extrasystolenrate um 85% bei 23 von 29 Patienten nach 1 Jahr und bei 23 von 56 Patienten nach 2 Jahren reduziert. Auch Meinertz et al. (1987) beobachteten bei 66% der mit Propafenon therapierten Patienten eine Reduktion der VES und komplexen Rhythmusstörungen um 80–90%.

Auch für Prajmalin (Ajmalinbitartrat) sind entsprechende Untersuchungen vorgelegt worden (z.B. Kredow u. Kutarki 1976). So zeigten Bussmann et al. (1976) eine Reduktion der Extrasystolenzahl um 55% und fanden nach Gabe von Procainamid eine Abnahme um 53%. Bei frischem Herzinfarkt reduzierte Prajmalin die Salven um 92%, unter Lidocaintherapie nahmen die Salven ebenfalls ab, jedoch nicht signifikant im Vergleich zur Kontrollgruppe (Bussmann et al.

(1980). Santoro et al. (1981) konnten bei 9 von 16 Patienten eine 80%ige VES-Reduktion erzielen.

Vergleichsuntersuchungen zwischen verschiedenen Antiarrhythmika sind in der Literatur selten anzutreffen. Neben dem genannten Vergleich zwischen Prajmalin und Procainamid fanden Chiariello et al. (1983) im Vergleich mit Disopyramid keine Unterschiede zu Prajmalin.

Die mit dieser Untersuchung vorgelegten Ergebnisse weisen darauf hin, daß zwischen dem Ia-Antiarrhythmikum Prajmalin und den neueren antiarrhythmischen Substanzen Flecainid und Propafenon (Ic) keine bedeutsamen Unterschiede bestehen, zumindest, was die Beeinflussung nicht komplexer ventrikulärer Rhythmusstörungen betrifft. Die etwas bessere Wirksamkeit von Flecainid im Vergleich zu Prajmalin und Propafenon können z. B. durch die relativ hohe Dosierung dieser Substanz bedingt sein. Zusätzlich sind die für jede Substanz spezifischen Nebenwirkungen zu beachten.

Literatur

Bramann HU, Bender F, Jachmann H et al. (1984) Langzeit-Therapie mit Flecainid Z Kardiol 73:724–731

Bussmann WD, Müller E, Kaltenbach M (1976) Wirkung von Prajmaliumbitartrat auf die ventrikuläre Dauerextrasystolie im Vergleich mit Procainamid. Dtsch Med Wochenschr 101 7:228–233

Bussmann W-D, Schreiber S, Kaltenbach M (1980) Comparison of antiarrhythmic effects of oral prajmaliumbitartrate and intravenous lidocaine in acute myocardial infarction. Am Heart J 99 5:589–597

Chiariello M, Indolfi C, Capeli-Bigazzi M et al. (1983) Prajmalium bitartrate in chronic ventricular arrhythmias: comparison with disopyramide. Eur J Clin Pharmacol 24:35–29

Dingh H et al. (1988) Anhaltende therapeutische Effektivität und Verträglichkeit von Propafenon bei Behandlung chronischer ventrikulärer Arrhythmien über einen Zeitraum von 2 Jahren. Am Heart J 115:92–96

Kredow S, Kutarki A (1976) Der klinische Wert von Neo-Gilurytmal in der Behandlung von Herzrhythmusstörungen. Pol Tyg Lek XXXI 6:241–243

Meinertz T, Zehender M, Geibel A et al. (1984) Long-Term. Antiarrhythmic Therapie with Flecainide. Am J Cardiol 54:91–96

Meinertz T, Geibel A, Zehender M et al. (1987) Zwischenbericht über eine laufende 1-Jahres-Studie mit Propafenon bei stabilen ventrikulären Arrhythmien. Vortrag Internationaler Kongreß zur Diagnose und Behandlung kardialer Arrhythmien, London, 2.–4. September

Petri H, Kafka W, Rudolph W (1985) Therapie ventrikulärer Arrhythmien mit Propafenon. Herz 10:44–52

Santoro G-M, Multinu G, Ciofini O et al. (1981) Die antiarrhythmische Wirkung von Prajmaliumbitartrat bei ventrikulärer Extrasystolie. G Ital Cardiol XI 2

Akutbehandlung der stabilen Kammertachykardie: Ajmalin oder andere spezifische Antiarrhythmika?

H.-J. Trappe, H. Klein, P. R. Lichtlen

Einleitung

Anhaltende Kammertachykardien oder Kammerflimmern sind lebensbedrohliche Herzzhythmusstörungen, die gezielte und sofortige therapeutische Interventionen erfordern, da diese Arrhythmien unbehandelt häufig zum kardiogenen Schock und zum Tod eines Patienten führen (Manz u. Lüderitz 1988). Für die Akuttherapie solcher lebensbedrohlicher Kammerarrhythmien stehen neben antiarrhythmischen Substanzen (Lüderitz 1981) die programmierte rechtsventrikuläre Stimulation (Wellens et al. 1972) und die Kardioversion bzw. Defibrillation zur Verfügung. Während die Bedeutung von Lidocain zur Prävention von Kammerflimmern diskutiert (Lie et al. 1974) und kürzlich über seine Wirksamkeit im Vergleich zu Ajmalin berichtet wurde (Manz u. Lüderitz 1988), liegen keine Untersuchungen an einem größeren Patientenkollektiv vor, die die Bedeutung von Ajmalin und Lidocain zur Terminierung von lebensbedrohlichen Kammerarrhythmien bei Patienten im akuten, subakuten und chronischen Infarktstadium und bei Patienten mit nichtkoronaren Kammertachykardien analysierten.

Patienten

In diese retrospektive Studie wurden 174 Patienten (162 Männer und 12 Frauen) im Alter von 49 ± 12 (21–71) Jahren eingeschlossen (Tabelle 1). Bei 153 Patienten (88%) lag eine koronare Herzkrankheit vor (Gruppen I–III), und 21 Patienten hatten „arrhythmogene" Ventrikel (Gruppe IV; arrhythmogene rechts- und/oder linksventrikuläre Erkrankung bei 15, dilatative Kardiomyopathie bei 3 und nicht nachweisbare kardiale Erkrankung bei 3 Patienten). Alle Patienten mit koronarer Herzkrankheit hatten Myokardinfarkte durchgemacht (Tabelle 1). Bei 30 Patienten war es in der Akutphase (1–48 h nach Infarkteintritt) zu anhaltenden Kammertachykardien oder Kammerflimmern gekommen (Gruppe I), 56 Patienten waren im subakuten Infarktstadium bei Auftreten der Arrhythmien (2–4 Wochen nach Infarkt; Gruppe II), und bei 67 Patienten traten Kammertachykardien im chronischen Infarktstadium >2 Monate nach Infarkt) auf.

Bei allen Patienten dieser Studie wurden anhaltende (Dauer >30 s) monomorphe oder polymorphe Kammertachykardien bzw. Kammerflimmern dokumentiert. Bei allen Patienten wurde die Grunderkrankung durch Herzkatheteruntersuchung gesichert, die linksventrikuläre Auswurffraktion nach der enddia-

Tabelle 1. Patientendaten

	Gruppe I	Gruppe II	Gruppe III	Gruppe IV
Grundkrankheit	KHK	KHK	KHK	ARE
Patientenzahl	30	56	67	21
Alter [Jahre]	56 ± 12	52 ± 14	51 ± 13	36 ± 10
Männer	27 (90%)	53 (95%)	64 (96%)	18 (86%)
VWI	17 (57%)	32 (57%)	32 (48%)	–
HWI	10 (33%)	22 (39%)	32 (48%)	–
LWI	3 (10%)	2 (4%)	3 (4%)	–
linksventrikuläre Auswurffraktion [%]	41 ± 14	39 ± 12	43 ± 11	62 ± 10
Intervall Arrhythmie Infarkt	1–48 h	2–4 Wochen	> 2 Monate	–
AMKT	5 (17%)	48 (86%)	63 (94%)	21 (100%)
APKT	19 (63%)	8 (14%)	4 (6%)	–
KF	6 (20%)	–	–	–

Abkürzungen: KHK koronare Herzkrankheit, *VWI* Vorderwandinfarkt, *HWI* Hinterwandinfarkt, *LWI* Lateralwandinfarkt, *AMKT* anhaltende monomorphe Kammertachykardien, *APKT* anhaltende polymorphe Kammertachykardien, *KF* Kammerflimmern, *ARE* arrhythmogene Erkrankungen

stolischen und endsystolischen Kontur des linksventrikulären Angiogramms in RAO-30°-Projektion ermittelt (Tabelle 1).

Ergebnisse

Patienten im akuten Infarktstadium (Gruppe I)

Bei 30 Patienten kam es im akuten Infarktstadium zu Kammerarrhythmien: 5 Patienten (17%) hatten anhaltende monomorphe und 19 Patienten (63%) anhaltende polymorphe Kammertachykardien; 6 Patienten (20%) hatten Kammerflimmern.

Bei allen Patienten mit anhaltenden monomorphen Kammertachykardien (Tachykardiefrequenz 150–170/min) wurden die Kammertachykardien durch Ajmalin (Dosen 50–150 mg i.v. während 5 min) terminiert, während dies nur bei 10 von 19 Patienten (53%) mit polymorphen Kammertachykardien möglich war. Bei 7 von 10 Patienten (70%), bei denen eine Terminierung durch Ajmalin erfolgte, wurde die polymorphe Kammertachykardie (Frequenzen 190–230/min) zunächst in eine monomorphe Tachykardie verwandelt, ehe sie sistierte. Bei 5 von 19 Patienten (26%) degenerierte die polymorphe Kammertachykardie unter der Injektion von Ajmalin zu Kammerflimmern und wurde durch Defibrillation terminiert. 4 von 19 Patienten (21%) zeigten auf Ajmalingabe keinen Effekt der Kammertachykardie.

Alle Patienten mit Kammerflimmern während der Infarktphase wurden primär defibrilliert; 3 Patienten erhielten danach Ajmalin als Dauerinfusion

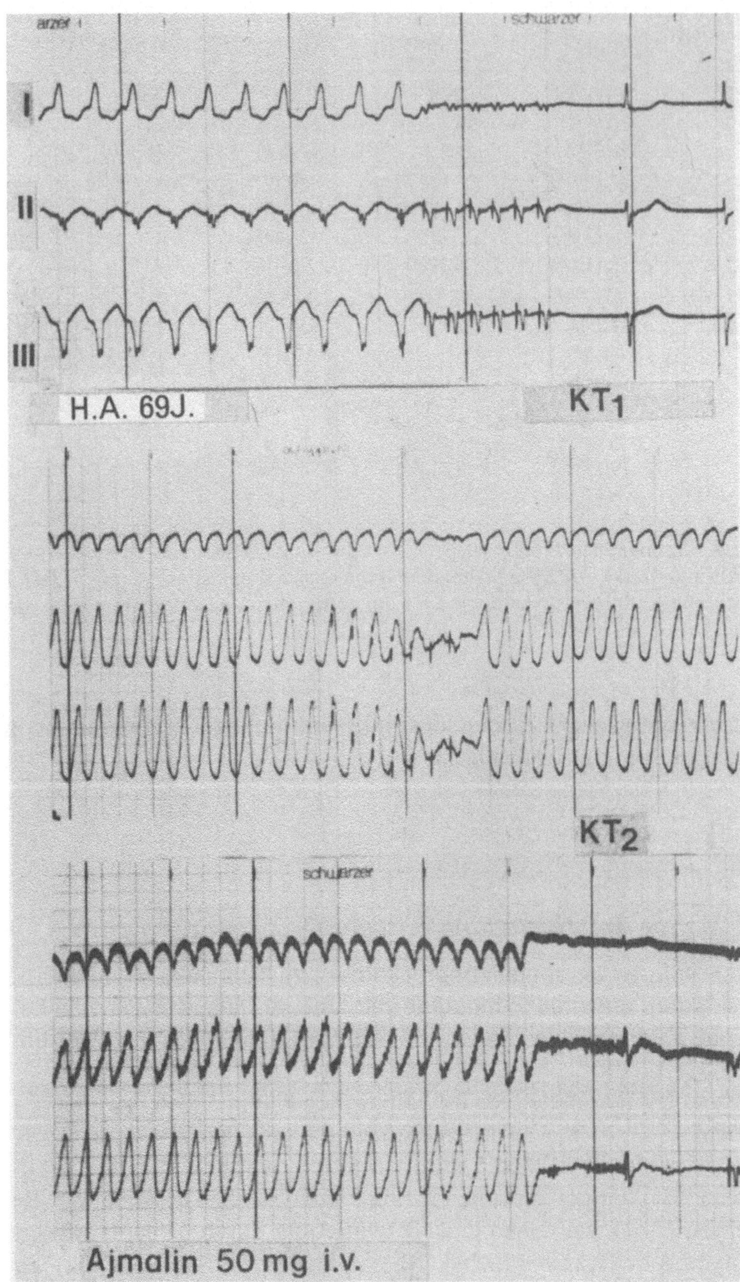

Abb. 1. Terminierung einer anhaltenden monomorphen Kammertachykardie (*KT 1*) durch programmierte Stimulation (*oben*). Erneute anhaltende monomorphe Kammertachykardie anderer Konfiguration und Zykluslänge (*KT 2*), die nicht durch programmierte Stimulation (*Mitte*), sondern durch Ajmalin (50 mg i.v.) terminiert werden kann (*unten*)

(10 mg/h) und blieben ohne Arrhythmierezidiv; 3 von 6 Patienten erhielten Lidocain als Dauerinfusion (150 mg/h). Bei 2/3 dieser Patienten trat erneut Kammerflimmern auf.

Patienten im subakuten Infarktstadium (Gruppe II)

Bei 56 Patienten traten im subakuten Infarktstadium (2–4 Wochen nach Myokardinfarkt) Kammertachykardien auf. Bei 15 Patienten (27%) war der weitere Verlauf unauffällig, bei 41 Patienten (73%) kam es während der mittleren Beobachtungszeit von 34 ± 23 Monaten (2–56 Monate) zu Tachykardierezidiven.

Von 15 Patienten (87%) mit unauffälligem Verlauf hatten 13 anhaltende monomorphe und 2 (13%) anhaltende polymorphe Kammertachykardien. Diese Kammertachykardien wurden bei 8 von 15 Patienten (53%) primär mit Lidocain und bei 7 von 15 Patienten (47%) primär mit Ajmalin behandelt. Bei 5 von 8 Patienten (63%) mit Lidocaingabe degenerierte die Kammertachykardie zu Kammerflimmern, bei 3 von 8 Patienten (37%) wurde sie terminiert. Demgegenüber wur-

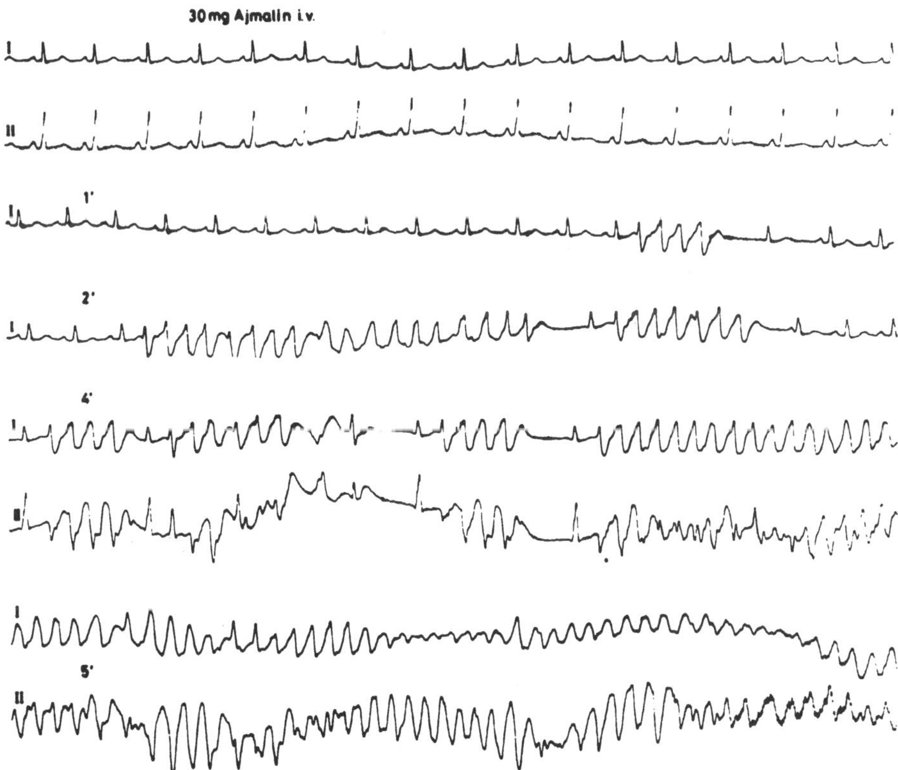

Abb. 2. Induzierbarkeit von Kammerflimmern durch Ajmalin (30 mg i.v.), 5 min nach Injektion

den die Kammertachykardien bei 6 von 7 Patienten (86%) mit Ajmalin terminiert, bei einem vom 7 Patienten (14%) war kein Effekt zu beobachten.

Von 41 Patienten (85%) mit Kammertachykardierezidiven hatten 35 anhaltende monomorphe und 6 (15%) anhaltende polymorphe Kammertachykardien. Von 41 Patienten (46%) erhielten 19 primär Lidocain und 22 (54%) primär Ajmalin. Die Kammertachykardien wurden durch Lidocain bei 10 von 19 Patienten (53%) terminiert, bei 5 von 19 Patienten (26%) kam es zu einer Degeneration zu Kammerflimmern, und bei 4 von 19 Patienten (21%) zeigte Lidocain keinen Effekt. Ajmalin war demgegenüber bei 16 von 22 Patienten (73%) erfolgreich (Abb. 1), bei 2 von 22 Patienten (9%) kam es zu Kammerflimmern (Abb. 2), bei 4 von 22 Patienten (18%) kam es zu einer Verlangsamung der Tachykardie, jedoch zu keiner Terminierung.

Patienten im chronischen Infarktstadium (Gruppe III)

Nach mehr als 2 Monaten nach Myokardinfarkt (chronisches Infarktstadium) waren bei 67 Patienten Kammertachykardien aufgetreten. Die Behandlung der Kammertachykardien mit Lidocain oder Ajmalin erfolgte bei 41 von 67 Patienten (61%) bei Klinikaufnahme und bei 26 von 41 Patienten (39%) während der elektrophysiologischen Untersuchung.

Von 41 Patienten (41%) wurden 17 (41%) mit Lidocain und 24 (59%) mit Ajmalin behandelt. Von den 17 mit Lidocain behandelten Patienten war eine Terminierung der Kammertachykardien bei 4 Patienten (24%) möglich, bei 6 Patienten (35%) kam es zu einer Degeneration zu Kammerflimmern und bei 7 Patienten (41%) war kein Effekt zu beobachten (Abb. 3).

Demgegenüber wurden die Kammertachykardien bei 19 von 24 Patienten (79%) mit Ajmalin terminiert, nur bei 5 von 24 Patienten (21%) kam es zu Kammerflimmern.

Bei allen 26 Patienten wurde während der elektrophysiologischen Untersuchung Ajmalin zur Terminierung der induzierten Tachykardie eingesetzt. Eine Beendigung der Kammertachykardie war bei 20 Patienten (77%) möglich, 2 Patienten (8%) wurden bei Kammerflimmern defibrilliert, und bei 4 Patienten (15%) kam es lediglich zu einer Verlangsamung der Kammertachykardiefrequenz.

Patienten mit nichtkoronaren Kammertachykardien (Gruppe IV)

In diese Studie wurden 21 Patienten aufgenommen, bei denen Kammertachykardien nichtkoronarer Ursache auftraten. Bei 15 der 21 Patienten (71%) lagen arrhythmogene rechts- oder linksventrikuläre Erkrankungen vor. Bei 12 dieser 15 Patienten (80%) wurden die Kammertachykardien durch Ajmalin terminiert, bei 3 Patienten(20%) zeigte sich kein Effekt. Bei diesen 3 Patienten wurde dann Lidocain ebenfalls ohne Erfolg appliziert.

Bei 3 Patienten lag eine kongestive Kardiomyopathie vor. Bei allen Patienten wurde primär Lidocain verabreicht: Bei 2 Patienten wurde eine Defibrillation bei Kammerflimmern notwendig, bei einem Patienten kam es zu einer Verlangsamung der Tachykardiefrequenz.

Drei Patienten hatten anhaltende monomorphe Kammertachykardien ohne nachweisbare kardiale Grunderkrankung („idiopathische" Kammertachykar-

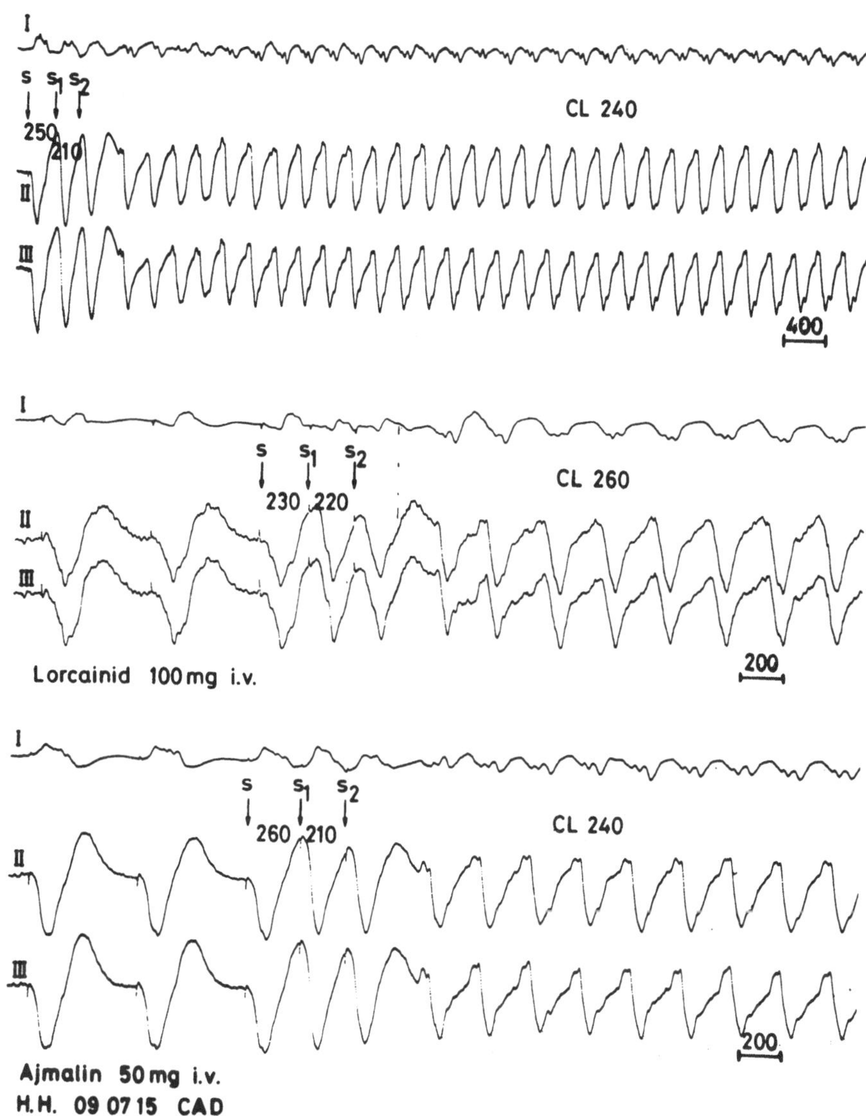

Abb. 3. Nichtansprechbarkeit einer anhaltenden monomorphen Kammertachykardie auf programmierte Stimulation (*oben*), Lorcainid (*Mitte*) und Ajmalin (*unten*)

dien). Bei allen Patienten wurden die Kammertachykardien primär durch Ajmalin terminiert.

Diskussion

Die Bedeutung von Kammertachykardien oder Kammerflimmern als lebensbedrohliche Rhythmusstörung ist bekannt (Trappe et al. 1988). Nach der Erkennung bzw. richtigen Diagnose dieser bedrohlichen Arrhythmien ist eine sofortige

Terminierung notwendig, um den Patienten nicht in einen kardiogenen Schock zu bringen. Vor der „optimalen" Therapie und der Auswahl eines geeigneten Antiarrhythmikums müssen Überlegungen zum zugrundeliegenden Mechanismus der Kammerarrhythmien angestellt werden (Brugada et al. 1987). Dabei spielt u.a. die Unterbrechung des Reentrykreises durch weitere Verzögerung in der „area of slow conduction", die Verlangsamung der Leitungsgeschwindigkeit und die Homogenisierung der Refraktärzeiten eine entscheidende Rolle (Josephson et al. 1984; Wit u. Rosen 1984).

In der vorliegenden Untersuchung konnte gezeigt werden, daß in der Akutbehandlung die Terminierung von Kammertachykardien mit Ajmalin wesentlich effektiver war als mit Lidocain, eine Beobachtung die auch von anderen Autoren gemacht wurde (Koster u. Dunning 1985). Die Effektivität des Ajmalins dürfte u.a. in den elektrophysiologischen Eigenschaften begründet sein, die in einer Beeinflussung der Leitungsgeschwindigkeit im Reentrykreis bestehen, und somit zur Terminierung der Tachykardie führen (Sorokin et al. 1980). Demgegenüber ist die geringere Erfolgsrate des Lidocains erklärbar, da bei anderen elektrophysiologischen Charakteristika die Verlangsamung der Leitungsgeschwindigkeit bei Lidocain geringer ist und der Wirkmechanismus eher als „antifibrillatorisch" zu bezeichnen ist (Mandel u. Bigger 1971). Daher erscheint Lidocain für die Terminierung einer bestehenden Kammertachykardie weniger geeignet. Daneben haben wir unter Lidocain nicht selten eine Degeneration einer Kammertachykardie zu Kammerflimmern beobachtet, ein Phänomen, das wir bei Gabe von Ajmalin weniger häufig sahen.

Unsere Ergebnisse zeigen, daß Ajmalin zur Unterbrechung von anhaltenden Kammertachykardien bei Patienten mit koronarer Herzkrankheit wesentlich effektiver ist als Lidocain. Auch für die Akutbehandlung von Kammertachykardien ohne koronare Herzkrankheit bzw. für eine während elektrophysiologischer Untersuchung induzierte Kammertachykardie ist Ajmalin ein geeignetes Antiarrhythmikum.

Literatur

Brugada P, Lemery R, Talajic M, Della Bella P, Wellens HJJ (1987) Treatment of patients with ventricular tachycardia or ventricular fibrillation: First lessons from the „parallel study". In: Brugada P, Wellens HJJ (eds) Cardiac arrhythias: Where to go from here? Futura, New York, p 457

Josephson ME, Marchlinski FE, Buxton AE, Waxman HL, Doherty JU, Kienzle MG, Falcone R (1984) Electrophysiologic basis for sustained ventricular tachycardia – Role of reentry. In: Josephson ME, Wellens HJJ (eds) Tachycardias: Mechanisms, diagnosis, treatment. Lea & Febiger, Philadelphia, p 305

Klein H, Trappe HJ, Hartwig CA, Frank G, Schröder E, Kühn E, Lichtlen PR (1986) Diagnostic and therapeutic approach to sustained ventricular tachycardia unrelated to coronary disease. In: Santini M, Pistolese M, Alliegro A (eds) Progress in clinical pacing. Centro editoriale pubblicitario italiano, Roma, p 177

Koster RW, Dunning AJ (1985) Intramuscular lidocaine for prevention of lethal arrhythmias in the prehospitalization phase of acute myocardial infarction. N Engl J Med 31:1006

Lie KI, Wellens HJJ, Van Capelle FJ, Durrer D (1974) Lidocaine in the prevention of primary ventricular fibrillation. A double-blind randomized study of 212 consecutive patients. N Engl J Med 291:1324

Lüderitz B (1981) Ventrikuläre Herzrhythmusstörungen: Pathophysiologie – Klinik-Therapie. In: Lüderitz B (Hrsg) Ventrikuläre Herzrhythmusstörungen. Springer, Berlin Heidelberg New York S/1

Mandel WJ, Bigger JT (1971) Electrophysiologic effects of lidocaine on isolated canine and rabbit atrial tissue. J Pharmacol Exp Ther 178:81

Manz M, Lüderitz B (1988) Vergleichende Untersuchung von Ajmalin und Lidocain bei ventrikulären Tachyarrhythmien. In: Lüderitz B, Antoni H (Hrsg) Perspektiven der Arrhythmiebehandlung. Springer, Berlin Heidelberg New York Tokyo, S88

Sorokin LV, Golovina VA, Khodorov BI (1980) Frequency-dependent effects of an antiarrhythmic neo-gilurytmal on the action potential of myocardial cells. J Mol Cell Cardiol 12:158

Trappe HJ, Brugada P, Talajic M, Della Bella P, Lezaun R, Mulleneers R, Wellens HJJ (1988) Prognosis of patients with ventricular tachycardia or ventricular fibrillation: Role of the underlying etiology. J Am Coll Cardiol 12:166

Wellens HJJ, Schuilenburg, RM, Durrer D (1972) Electrical stimulation of the heart in patients with ventricular tachycardia. Circulation 46:216

Wit AL, Rosen MR (1984) Cellular electrophysiology of cardiac arrhythmias. In: Josephson ME, Wellens HJJ: Tachycardias: Mechanisms, diagnosis, treatment. Lea & Febiger, Philadelphia, p1

Spezielle klinische Aspekte

Herzrhythmusstörungen bei Patienten mit Herzinsuffizienz

M. Meesmann

Herzinsuffizienz ist die häufigste Diagnose bei Patienten, die älter als 65 Jahre sind. Es wird geschätzt, daß weltweit etwa 15 Mio. Menschen an Herzinsuffizienz leiden (Packer 1987). Dabei ist jedoch zu beachten, daß Herzinsuffizienz ein klinisches Syndrom ist, das den Endzustand einer ganzen Reihe von Herzerkrankungen darstellt. Abgesehen von der jeweils vorliegenden Grunderkrankung und deren Progredienz wird die aktuelle Symptomatik durch eine Reihe von temporären Faktoren mitbestimmt. Unter diesen sind besonders zu erwähnen: Änderung einer bisher effektiven Therapie, vermehrte Flüssigkeitszufuhr, Arrhythmien (z. B. Vorhofflimmern), hypertensive Blutdruckwerte sowie zusätzliche, nichtkardiale Erkrankungen (z. B. Pneunomie). Es versteht sich von selbst, daß sich bei den weiter unten angesprochenen Problemen je nach der Grundkrankheit jeweils spezifische Aspekte in der Diagnostik und Therapie ergeben. Da sich aber bei der Herzinsuffizienz als Syndrom auch eine Reihe gemeinsamer Aspekte ergeben, erscheint eine allgemeine Besprechung sinnvoll.

In den letzten Jahrzehnten wurden durch den Einsatz von Diuretika, Vasodilatantien und positiv inotropen Substanzen ganz erhebliche Fortschritte in der Beherrschung der klinischen Symptomatik der Herzinsuffizienz erreicht. In diesem Zusammenhang durchgeführte Langzeitstudien zeigten aber, daß trotz dieser guten klinischen Erfolge eine Verbesserung der Lebenserwartung oft nicht erreicht werden konnte. Im Gegenteil, es imponierte eine hohe Prävalenz von Herzrhythmusstörungen und eine hohe Inzidenz des plötzlichen Herztodes. In einem viel beachteten Übersichtsartikel wurde das Problem des plötzlichen Herztodes bei Patienten mit Herzinsuffizienz als „second frontier" neben der Insuffizienzsymptomatik als „first frontier" bezeichnet (Packer 1985). Eine umfassende Darstellung dieses sehr komplexen Themas ist im Rahmen dieses Beitrages nicht möglich. Die folgenden Ausführungen konzentrieren sich daher auf eine Übersicht der letalen Arrhythmien bei Herzinsuffizienz unter besonderer Berücksichtigung seltenerer Formen. Im weiteren soll auf die Aggravation von Arrhythmien bei der Behandlung der Herzinsuffizienz sowie den Stellenwert der Angiotensin-Converting-Enzym-Hemmer (ACE-Hemmer) bezüglich der Arrhythmien eingegangen werden.

Arrhythmien bei Herzinsuffizienz

Ventrikuläre Herzrhythmusstörungen sind bei Herzinsuffizienz außerordentlich häufig. So finden sich komplexe ventrikuläre Extrasystolen in 60–90% und

Tabelle 1. Prävalenz ventrikulärer Arrhythmien bei Patienten mit Herzinsuffizienz und deren Beziehung zum plötzlichen Herztod. *NYHA* Klassifikation der Herzinsuffizienz nach der New York Heart Association; *KHK* koronare Herzerkrankung; *DCM* ideopathische dilatative Kardiomyopathie; *VES* ventrikuläre Extrasystolen (Lown-Klassen III und IVa, Lown u. Wolf 1971); *VT* nichtanhaltende ventrikuläre Tachykardie (≥ 3 Schläge); *SCD* plötzlicher Herztod

Studie	n	Grund-erkran-kung	NYHA	VES [%] (komplexe Formen)	VT [%]	VT und Gesamt-sterblich-keit	VT und SCD
Huang et al. 1983	35	DCM	III	93	60	nein	nein
Wilson et al. 1983	77	KHK, DCM	III, IV	71	51	ja	nein
Costanzo-Nordin et al. 1984	55	DCM	?	64	40	nein	nein
Maskin et al. 1984	35	KHK, DCM	III, IV	92	71		nein
Meinertz et al. 1984	74	DCM	II, III	87	49	ja	ja
v. Ohlshausen et al. 1984	60	DCM	II–IV	78	42		nein
Unverferth et al. 1984	69	DCM	?	39	25[a]	ja	–
Chakko u. Gheorghiade 1985	43	KHK, DCM	II, III	88	48		ja
Holmes et al. 1985	31	KHK, DCM	II–IV	87	39	ja	nein

[a] 9% anhaltende VT oder Kammerflimmern.

nichtanhaltende ventrikuläre Tachydardien in ca. 50% der Fälle (Tabelle 1). Bei der hohen Mortalität von Patienten mit schwerer Herzinsuffizienz (NYHA III–IV) von ungefähr 50% pro Jahr und angesichts der Tatsache, daß bis zu 50% dieser Todesfälle plötzlich sind, liegt ein Zusammenhang zwischen ventrikulären Rhythmusstörungen und plötzlichem Herztod nahe (Bigger 1987).

Die unmittelbar letalen Herzrhythmusstörungen, wie sie typischerweise bei Patienten mit Herzinsuffizienz gefunden werden, sind anhaltende ventrikuläre Tachykardien, Kammerflimmern und Asystolie.

Definition des plötzlichen Herztodes

Die heute am häufigsten gebrauchte Definition lautet wie folgt: Der plötzliche Herztod ist ein natürlicher Tod aus kardialer Ursache. Er ist gekennzeichnet durch den Eintritt des Todes innerhalb einer Stunde nach Beginn akuter Symptome und ist unerwartet (Packer 1985; Myerburg u. Castellanos 1988). Durch diese Definition wird der plötzliche Tod bei Patienten mit progredienter Dekompensation der Herzinsuffizienz ausgeschlossen. Schließt man darüber hinaus Patienten aus, bei denen aufgrund der klinischen Befunde ein akuter Myokardinfarkt oder eine fulminante Lungenembolie als plötzliches terminales Ereignis wahrscheinlich ist, so bleiben ventrikuläre Herzrhythmusstörungen als Ursache des plötzlichen Herztodes in 35–45% aller Todesfälle bei Patienten mit Herzinsuffizienz (Packer 1985).

Erkennung von Risikopatienten

Die Erkennung von Risikopatienten noch vor der Manifestation der letalen Arrhythmie stellt nach wie vor ein großes Problem der Kardiologie dar (Bigger 1983). Ein Zusammenhang zwischen der Häufigkeit ventrikulärer Extrasystolen und der Inzidenz des plötzlichen Herztodes wurde für Patienten mit durchgemachtem Herzinfarkt nachgewiesen (Bigger et al. 1984). Die Identifizierung von Risikopatienten mit dilatativer Kardiomyopathie scheint dagegen weniger eindeutig. In der Mehrzahl der Studien konnte ein Zusammenhang zwischen der Häufigkeit ventrikulärer Arrhythmien und der Gesamtmortalität festgestellt werden.

Dabei sind häufige Arrhythmien wahrscheinlich Ausdruck einer Einschränkung der linksventrikulären Funktion. In anderen Studien konnte eine unabhängige prognostische Bedeutung solcher Arrhythmien nachgewiesen werden. In wenigen Studien ergab sich sogar ein Zusammenhang zwischen dem Auftreten von ventrikulären Tachykardien und dem plötzlichen Herztod (s. Tabelle 1).

Mögliche Mechanismen von letalen Herzrhythmusstörungen bei Herzinsuffizienz

A) Ventrikuläre Tachykardie und Kammerflimmern
Betrachten wir zuerst eine Untergruppe von Patienten mit Herzinsuffizienz, bei der es infolge eines Herzinfarktes oder rezidivierender Herzinfarkte zu einer Reduktion der linksventrikulären Ejektionsfraktion gekommen ist. Abgesehen von der Bedrohung durch einen Reinfarkt, der häufiger ist als allgemein angenommen (Stevenson et al. 1987), sind diese Patienten durch ventrikuläre Tachykardien bzw. Kammerflimmern bedroht. Kommt es bei diesen Patienten zu einer spontanen anhaltenden ventrikulären Tachykardie, droht ohne Behandlung in ca. 40% der Fälle ein Rezidiv innerhalb eines Jahres (Bigger 1983). Wegen dieser Gefährdung sollten solche Patienten routinemäßig mittels programmierter Stimulation untersucht werden. Stellvertretend für viele Studien soll in diesem Zusammenhang eine Zusammenstellung von Fisher (Fisher et al. 1986) erwähnt werden. Bei diesem Patientenkollektiv (n = 380) mit einer deutlich reduzierten globalen Ejektionsfraktion wurde die Wirkung von Amiodaron auf induzierbare ventrikuläre Tachykardien überprüft. Waren diese Patienten unter Therapie (in diesem Falle Amiodaron) bei der programmierten Stimulation nicht mehr induzierbar (25% des Kollektivs), kam es nur bei 10% dieser Patienten zu einem Rezidiv.

Bei der Mehrzahl der Patienten waren die ventrikulären Rhythmusstörungen auch unter Amiodaron-Therapie induzierbar, bei dieser Patientengruppe kam es in 40% der Fälle zu einem Rezidiv der Rhythmusstörungen. Eine neue Studie von Zhu et al. (1987) kommt zu ähnlichen Ergebnissen, wobei interessante Aspekte über das Risikoprofil der auch unter Therapie noch induzierbaren Patienten (n = 78) erhoben wurden. Elektrophysiologische Parameter vermochten ein Tachykardierezidiv nicht vorherzusagen, wohl aber klinische Parameter. So bestand innerhalb der Gruppe von Patienten, die auch unter Therapie noch induzierbar waren, kein signifikanter Unterschied in der Zykluslänge der induzierten ventrikulären Tachykardien zwischen den Patienten, die kein Arrhythmierezidiv hatten, denen, die einen plötzlichen Herztod erlitten und denen, die ein Tachykardierezidiv aufwiesen. Patienten, die einen plötzlichen Herztod erlitten, zeigten dagegen in einem signifikant höheren Prozentsatz – 76% gegenüber 30% (VT-Rezidiv) und 76% gegenüber 39% (kein Arrhythmierezidiv), $p < 0,02$ – eine Verschlechterung bzw. das Neuauftreten einer Herzinsuffizienz. Die hämodynamische Dekompensation scheint also einen zusätzlichen Risikoparameter darzustellen, der mit der programmierten Stimulation alleine nicht zu erfassen ist. Da sich die Patienten hinsichtlich der Induzierbarkeit nicht signifikant unterscheiden, ist aber, bei gegebenem Reentrysubstrat, ein Einfluß der Herzinsuffizienz auf Triggermechanismen der ventrikulären Tachykardie zu vermuten.

Bei der dilatativen Kardiomyopathie hat sich die programmierte Stimulation als wenig aussagekräftig hinsichtlich späterer letaler Rhythmusstörungen erwiesen (Poll et al. 1984; Meinertz et al. 1985). Somit ist es auch weitaus schwieriger, einen systematischen Ansatz zur Abklärung der prognostischen Bedeutung dieser Rhythmusstörungen zu finden. Ebenso scheint bei der medikamentös induzierten „Torsade de pointes", soweit bei geringen Fallzahlen beurteilbar, die programmierte Elektrostimulation keine wesentliche diagnostische Bedeutung zu besitzen (Buxton et al. 1987). Langzeit-EKG-Untersuchungen mit zufälliger Registrierung eines plötzlichen Herztodes sind wertvoll im Aufzeigen von möglichen letalen Arrhythmiemechanismen. Insgesamt ist die Erfassung des plötzlichen Herztodes jedoch relativ selten und bezüglich der relativen Häufigkeit und Wichtigkeit der einzelnen Mechanismen mit Vorsicht zu werten. Es handelt sich nämlich bei den kleinen Kollektiven um selektierte Patienten, denen meist aus klinischen Gründen (ventrikuläre Extrasystolen etc.) ein Langzeit-EKG angelegt wurde. Zwei weniger häufig beschriebene Arrhythmien sollen an Hand von 2 Fallbeispielen aus der Würzburger Universitätsklinik besprochen werden.

B) Vorhofflimmern

Im 1. Fall handelt es sich um einen 76jährigen Patienten mit Herzinsuffizienz. Aus der Vorgeschichte ist eine arterielle Hypertonie bekannt, ein Herzinfarkt wird verneint. Nach weitgehender Rekompensation durch Gabe von Diuretika klagte der Patient eines Nachmittags plötzlich über Unwohlsein. Bei einem daraufhin geschriebenen EKG fand sich ein neu aufgetretenes Vorhofflimmern. Noch während der EKG-Ableitung führte dieses zu einer raschen ventrikulären Tachykardie mit hämodynamischer Dekompensation (Abb. 1). Der Patient konnte erfolgreich reanimiert werden. Vorhofflimmern wurde schon häufiger als Auslöser von ventrikulären Tachykardien beobachtet (Leclercq et al. 1986); Breithard u. Borggrefe 1988). Ein möglicher Mechanismus ist hierbei das Auftreten einer Myokardischämie. Diese kann bei bestehender koronarer Herzerkrankung zum einen durch eine Steigerung des Sauerstoffbedarfs bei höherer Ventrikelfrequenz, zum anderen aber auch durch eine über sympathisch-vasokonstriktorische Effekte reduzierte Koronarperfusion zustandekommen (Heusch u. Deussen 1983; Ertl et al. 1987). Darüber hinaus ist bei ganz unterschiedlichen QRS-Abständen eine Inhomogenität der Erregungsrückbildung anzunehmen, die über die Ischämie hinaus eine primär elektrische Instabilität herbeiführen kann.

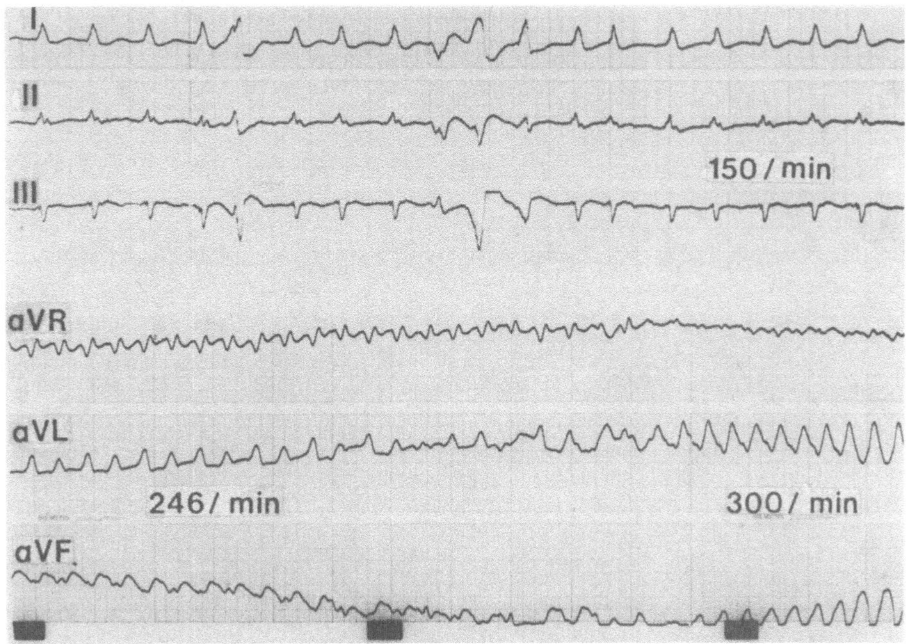

Abb. 1. EKG-Ableitung bei einem 76jährigen Patienten mit Herzinsuffizienz bei Hypertonie. Spontan aufgetretenes Vorhofflimmern (*oberer Teil der Abbildung*) geht im weiteren Verlauf unmittelbar in eine Kammertachykardie mit Akzeleration über (*unterer Teil der Abbildung*)

C) Torsade de pointes

Beim 2. Fall handelt es sich um eine 76jährige Patientin, die wegen einer schweren Herzinsuffizienz mit hochdosierter Furosemidgabe behandelt wurde. Bei einem Besuch des Hausarztes wurde sie plötzlich zyanotisch und apnoeisch, erholte sich aber auf einen präkordialen Faustschlag. Bei Aufnahme auf der Intensivstation fand sich eine ausgeprägte, zuvor nicht bekannte Verlängerung der QT-Zeit bei ausgeprägtem Kalium- und Magnesiummangel. Einen Tag später fand sich bei bereits normalisiertem Serumkalium immer noch eine massiv verlängerte QT-Zeit (Abb. 2), auf deren Boden eine typische Torsade de pointes entstand (Abb. 3), die durch eine Kardioversion terminiert werden mußte. Die Torsade de Pointes wird ebenfalls in einem nicht unbeträchtlichen Anteil als letale Arrhythmie bei Patienten mit Herzinsuffizienz beschrieben (Panidis u. Morganroth 1983; Leclerqc et al. 1986).

Diese Rhythmusstörung wurde als proarrhythmischer Effekt des Chinidin bereits 1922 beschrieben (Kerr u. Bender 1922). Aber auch andere Antiarrhythmika, insbesondere Substanzen der Klasse 1A, und/oder Elektrolytentgleisungen (Hypokaliämie, Hypomagnesiämie) sind als Auslöser der Torsade de pointes identifiziert worden. Einige Autoren betrachten die Herzinsuffizienz als zusätzlichen Risikofaktor für das Auftreten einer Torsade de pointes (Horowitz et al. 1981; Lewis et al. 1983; Schweitzer u. Mark 1983). Typischerweise findet sich eine Verlängerung der QT-Zeit, die durch eine Pause noch verstärkt wird

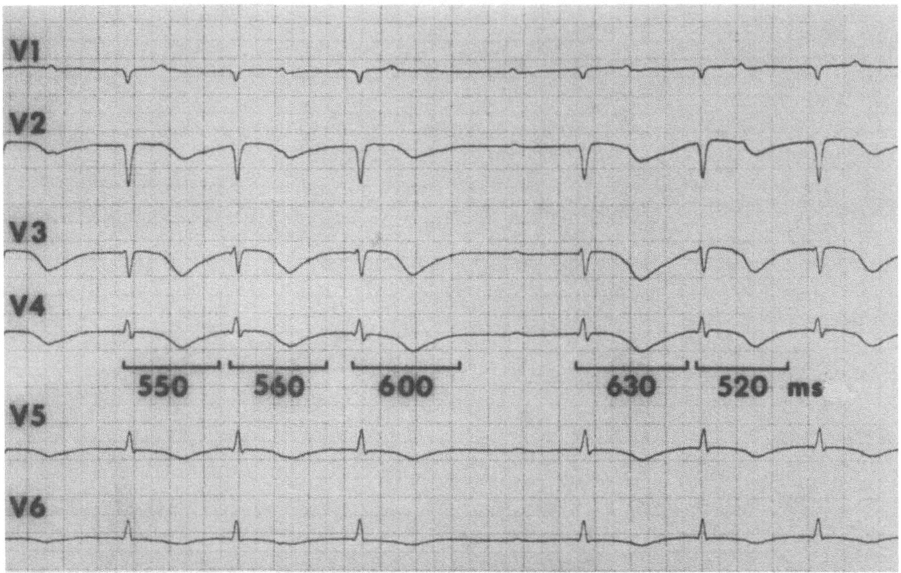

Abb. 2. EKG-Ableitung bei einer 76jährigen Patientin mit Herzinsuffizienz. Beachte die QT-Zeitverlängerung bei diuretikabedingter Hypomagnesiämie (0,45 mmol/l Mg^{2+}) nach Ausgleich einer Hypokaliämie (4,1 mmol/l K+). Nach der durch Versagen der AV-Überleitung bedingten Pause ist die QT-Zeit noch mehr verlängert (630 ms)

(Abb. 2). Als Ursache für die Pause finden sich oft spät einfallende ventrikuläre Extrasystolen, es kommen aber auch höhergradige Sinus- und AV-Knotenblokkierungen sowie längere Pausen bei unregelmäßiger AV-Überleitung bei Vorhofflimmern in Frage. Dabei kommt es typischerweise zu einer bizarren Verformung der T-Welle des Schlags nach der Pause, und ein relativ spät gekoppelter Schlag löst dann die Tachykardie aus. Oftmals liegt bei den Patienten eine individuelle Überempfindlichkeit bezüglich eines Antiarrhythmikums vor, die Plasmaspiegel liegen oft im subtherapeutischen oder niedrig normalen Bereich. Bemerkenswert ist hierbei, daß diese Arrhythmie oft innerhalb der ersten 3–4 Tage nach Beginn der antiarrhythmischen Therapie auftritt (Smith u. Gallagher 1980; Fontaine et al. 1982; Jackmann et al. 1984). Nach Stabilisierung durch eine Akuttherapie (Absetzen des Antiarrhythmikums, Elektrolytausgleich, Anheben der Frequenz durch atriale oder ventrikuläre Stimulation, Gabe von Isoproterenol sowie gegebenenfalls Defibrillation) ist langfristig die Notwendigkeit der antiarrhythmischen Therapie zu überprüfen. Ist eine solche auch nach Beseitigung der auslösenden Ursachen gegeben, sollten die gleichen oder ähnliche Antiarrhythmika wegen der Rezidivgefahr unbedingt gemieden werden (Clark et al. 1985). Die Torsade de pointes bei verlängerter QT-Zeit ist abzugrenzen von der in der Morphologie ähnlichen Tachykardie bei normaler QT-Zeit (Horowitz et al. 1981; Coumel et al. 1984). Gelegentlich findet sich hier eine Myokardischämie als Ursache, so daß sich eine antiischämische Therapie als erster therapeutischer Schritt ergibt (Miller u. Josephson 1988). Darüber hinaus wurde im Gegensatz zu

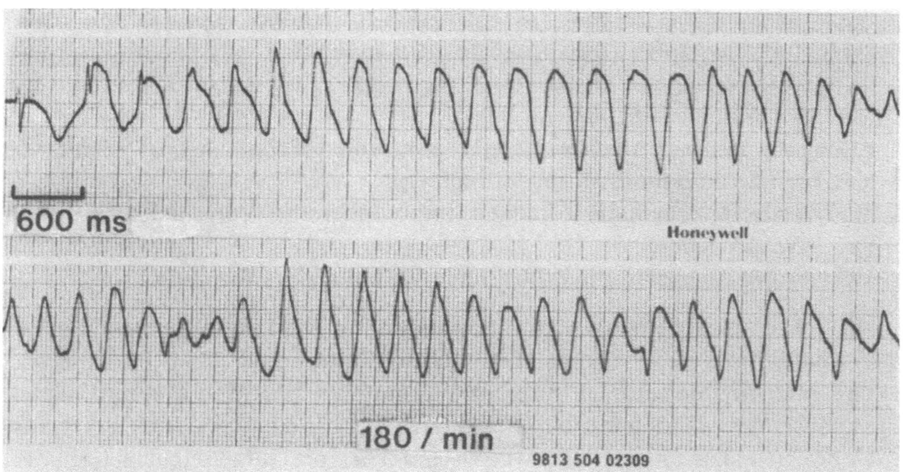

Abb. 3. Typische Torsade de pointes bei derselben Patientin wie in Abb. 2 (kurz nach der Ableitung des EKG von Abb. 2) Ein in das Ende der massiv verlängerten T-Welle des 1. Schlags einfallender QRS-Komplex führt über ein paar QRS-Komplexe mit bizarr verformter T-Welle zu einer Torsade de pointes (fortlaufende Aufzeichnung)

der Torsade de pointes mit QT-Verlängerung ein gutes Ansprechen auf Klasse-I-Antiarrhythmika gefunden (Horowitz et al. 1981.)

Proarrhythmische Effekte durch Behandlung der Herzinsuffizienz

Die bei der Herzinsuffizienz gegebene Rhythmusinstabilität kann durch Nebenwirkungen bei der Behandlung der hämodynamischen Dekompensation verstärkt werden (z. B. durch Diuretika oder Katecholamine). Folgende Komplikationen seien hier genannt:

- Diuretika: Hypokaliämie, Hypomagnesiämie;
- Digitalis: Intoxikation (veränderte Resorption, Elimination);
- Vasodilatantien (ohne ACE-Hemmer): Reflextachykardie, Hypotonie (Gefahr der Ischämie); direkte kardiale Stimulation (Khatari et al. 1977; Colucci et al. 1980);
- ACE-Hemmer: Hypotonie (Ischämie), Hyperkaliämie (The Consensus Trial Study Group 1987; Augenstein et al. 1988);
- positiv-inotrope Substanzen: Steigerung des O_2-Bedarfs, Verstärkung katecholabhängiger Arrhythmien (Packer et al. 1984).

Darüber hinaus kann aber auch der Versuch der antiarrhythmischen Therapie, der in den meisten Fällen mangels konkreteren Wissens empirisch angefangen werden muß, direkt zum Auftreten neuer Arrhythmien führen. Dabei kann es zu einer Aggravation bestehender Arrhythmien sowie zum Auftreten vorher nicht beobachteter Arrhythmien kommen:

- Aggravation bereits aufgetretener Arrhythmien: erhöhte Frequenz von ventrikulären Extrasystolen (VES) und nichtanhaltenden ventrikulären Tachykardien (VT); verlängerte Dauer von Arrhythmien („incessant VT"); verringerte hämodynamische Toleranz von VT;
- Erzeugung neuer Arrhythmien: Übergang von nichtanhalter in anhaltende VT; Torsade de pointes; Kammerflimmern;
- bradykarde Herzrhythmusstörungen (insbesondere bei Vorschädigung des Sinus- bzw. AV-Knotens);
- Verstärkung der elektrophysiologischen Wirkung einer Ischämie.

Hierbei ist aus experimentellen (Coromilas et al. 1985) wie aus klinischen Studien (Morgenroth 1987; Podrid et al. 1987; Minardo et al. 1988) bekannt, daß solche proarrhythmischen Effekte mit dem Ausmaß der linksventrikulären Funktionseinschränkung korrelieren. Ähnlich wie bei der Torsade de Pointes ist auch bei erstmalig unter antiarrhythmischer Therapie aufgetretenem Kammerflimmern zu beobachten, daß bei einem großen Teil der Patienten diese Komplikationen früh im Verlauf der Behandlung auftritt. So zeigte die Studie von Minardo et al. (1988), daß 70% aller Episoden von Kammerflimmern innerhalb der ersten 5 Tage auftraten. Ganz allgemein gelten bei der Anwendung von Antiarrhythmika bei Patienten mit Herzinsuffizienz besondere pharmakokinetische und pharmakodynamische Gesichtspunkte (Woosley et al. 1986). So ist z. B. die Halbwertszeit für Flecainid bei Patienten mit Herzinsuffizienz deutlich länger als bei Patienten mit Rhythmusstörungen ohne manifeste Herzinsuffizienz, bei Normalpersonen jedoch noch kürzer (Roden u. Woosley 1986).

ACE-Hemmer und Herzrhythmusstörungen bei Herzinsuffizienz

Bei der Behandlung der Herzinsuffizienz mit ACE-Hemmern fand sich global als „Nebeneffekt" eine Reduktion ventrikulärer Rhythmusstörungen. Es wurde eine Reduktion der einfachen ventrikulären Extrasystolen wie auch komplexer Herzrhythmusstörungen wie Couplets und nichtanhaltender Tachykardien (≥ 3 Schläge) beschrieben. In der Tabelle 2 sind die diesbezüglichen Ergebnisse von 4 Studien dargestellt. Dabei konnte auf Grund der Fallzahlen ein Einfluß auf den plötzlichen Herztod nur in der Consensus-Studie untersucht werden. Entgegen der von der Reduktion von Extrasystolen getragenen Erwartung fand sich aber keine Senkung der Häufigkeit des plötzlichen Herztodes, obwohl die Gesamtmortalität um 27% vermindert wurde. Es ist bisher nicht geklärt, ob dies auch bei Patienten mit weniger stark ausgeprägter Herzinsuffizienz gilt, die ebenfalls vom plötzlichen Herztod bedroht sind (Dweedwania et al. 1988). Die Wirkungen der ACE-Hemmer sind vielfältig und sicher erst zum Teil erfaßt. Allein aus der Fülle der bereits bekannten Wirkungen lassen sich theoretisch viele Wirkungsmechanismen ableiten, die zu einer Reduktion von Herzrhythmusstörungen beitragen könnten. Eine Bewertung der einzelnen Faktoren ist sicherlich schwierig, da im einzelnen noch gar nicht bekannt ist, wie die letalen Rhythmusstörungen bei der Herzinsuffizienz überhaupt entstehen. In Tabelle 3 sind einige der Effekte der ACE-Hemmer und deren mögliche antiarrhythmische Effekte aufgeführt. Bei

Tabelle 2. Effekte von ACE-Hemmern. (*NYHA* Klassifikation der Herzinsuffizienz nach der New York Heart Association; *VT* nichtanhaltende ventrikuläre Tachykardie; *SCD* plötzlicher Herztod; *Tx* Behandlung; *Plcb* Placebo; *k.A.* keine Angabe; *n.s.* nicht signifikant; * signifikant)

Studie	n	NYHA	VES		Complets		VT		SCD	
			Tx	Plcb	Tx	Plcb	Tx	Plcb	Tx	Plcb
Cleland et al. 1986	14	III–IV	−25%	+8%*	−23%	+100%*	−83%	+33%*	k.A.	
Webster et al. 1985	10	II–III	−80%	+84%*	−81%	+10%*	−90%	+8%*	k.A.	
The Consus Trial Study Group 1987	127	IV	k.A.		k.A.		k.A.		11%	11%
The Captopril-Digoxin Multicenter Research Group 1987	104	II–III	−45%	−24%*	−62%	−69%	n.s.		k.A.	

Tabelle 3. Mögliche Mechanismen für eine antiarrhythmische Wirkung von ACE-Hemmern

Effekt	*Bedeutung*
K ↑	Vermeidung von hypokaliämiebedingten Rhythmusstörungen Wirkungsverstärkung von Antiarrhythmika
Mg ↑	Korrektur von magnesiummangelbedingten Rhythmusstörungen (z.B. Torsade de Pointes)
Noradrenalin ↓	Beseitigung katecholaminbedingter Rhythmusstörungen
Adrenalin ↓[a]	Normalisierung des Serumkalium (β_2-Rezeptor)
Schlagarbeit ↓	Verringerung der Myokardischämie bei koronarer Herzerkrankung
Herzgröße ↓[b]	Verringerung von Arrhythmien durch übermäßige Dehnung des Myokards („contraction-excitation feedback")
Hypertrophie ↓[c]	Verbesserung der endokardialen Durchblutung, bei Prävention der Hypertrophie: Verhinderung der Entstehung des arrhythmogenen Substrats
VES ↓	Reduktion von Triggerarrhythmien bei vorhandenem Reentrysubstrat

[a] Cleland et al. 1984; Riegger u. Kochsiek 1986; Reid et al. 1986.
[b] Pfeffer et al. 1985, 1988; Pfeffer u. Pfeffer 1987; Deck 1964; Kaufmann u. Theophile 1967; Reiter et al. 1988; Taggart et al. 1988.
[c] Kromer u. Riegger 1988.

Betrachten dieser Tabelle wird deutlich, daß ein Teil dieser Effekte den proarrhythmischen Effekten der anderen Therapiekomponenten der Herzinsuffizienz entgegenwirkt.

Zusammenfassung

Patienten mit Herzinsuffizienz erliegen in bis zu 40% der Fälle einem plötzlichen Herztod, dem ventrikuläre Rhythmusstörungen zu Grunde liegen. Das Risiko korreliert mit dem Ausmaß der linksventrikulären Funktionseinschränkung. Eine unter praktisch-klinischen Gesichtspunkten befriedigende Erkennung von behandlungsbedürftigen Risikopatienten ist bisher noch nicht gelungen. Je höher der Grad der Funktionseinschränkung, desto höher ist die Inzidenz proarrhythmischer Effekte durch Antiarrhythmika. Engmaschige Kontrollen der Serumelektrolyte, eine möglichst maximale Rekompensation der Herzinsuffizienz sowie eine strenge Indikationsstellung bei der Gabe von Antiarrhythmika bilden das Fundament für eine antiarrhythmische Therapie. Die Gabe von ACE-Hemmern ist in dieser Hinsicht hilfreich. Darüber hinaus findet sich unter der Therapie mit ACE-Hemmern in Einzelfällen eine Reduktion von ventrikulären Rhythmusstörungen. In den bisher durchgeführten Studien war dieser Effekt jedoch nicht mit einer Reduktion des plötzlichen Herztodes verbunden. Da proarrhythmische Effekte zu einem hohen Prozentsatz innerhalb der ersten Tage nach Beginn der Therapie bzw. Erhöhung der Dosis von Antiarrhythmika auftreten, empfiehlt sich bei schwerkranken Patienten, die antiarrhythmische Therapie unter stationären Bedingungen einzuleiten.

Literatur

Augenstein WL, Kulig KW, Rumack BH (1988) Captopril overdose resulting in hypotension. JAMA 259:3302-3305

Bigger, JT jr (1983) Definition of benign versus malignant ventricular arrhythmias: targets for treatment. Am J Cardiol 52:47C-54C

Bigger JT jr (1987) Why patients with congestive heart failure die: arrhythmias and sudden death. Circulation 75:IV-28-IV-35

Bigger JT jr, Fleiss JL, Kleiger R, Miller JP, Rolnitzky LM, The Mulitcenter Post-Infarction Research Group (1984) The relationship among ventricular arrhythmias, left ventricular dysfunction, and mortality in the 2 years after myocardial infarction. Circulation 69:250-258

Breithardt G, Borggrefe M (1988) Indikation zur Behandlung kardialer Rhythmusstörungen. In: Lüderitz B, Antoni H (Hrsg) Perspektiven der Arrhythmiebehandlung. Springer, Berlin, Heidelberg, New York, Tokyo, S 49-60

Buxton AE, Marchslinski FE, Rosenthal ME, Miller JM, Josephson ME (1987) Arrhythmogene Effekte von Antiarrhythmika: Bedeutung elektrophysiologischer Studien. In: Steinbeck G (Hrsg) Lebensbedrohliche ventrikuläre Herzrhythmustörungen. Steinkopff, Darmstadt, S 201-210

Chakko CS, Gheorghiade M (1985) Ventricular arrhythmias in severe heart failure: incidence, significance, and effectiveness of antiarrhythmic therapy. Am Heart J 109:497-504

Clark M, Friday K, Anderson J, Jackman W, Aliot E, Lazzara R (1985) Drug induced torsade de pointes: High concordance rate among antiarrhythmic drugs and amiodarone (Abstract). J Am Coll Cardiol 5:540

Cleland JGF, Dargie HJ, Hodsman GP, Ball SG, Robertson JIS, Morton JJ, East BW, Robertson I, Murray GD, Gillen G (1984) Captopril in heart failure. A double blind controlled trial. Br Heart J 52:530-535

Colucci WS, Williams GH, Braunwald E (1980) Increased plasma norepinephrine levels during prazosin therapy for severe congestive heart failure. Ann Intern Med 93:452-453

Coromilas J, Bigger TJ, Gang ES, Zimmermann JM (1985) Relationship between infarct size and ventricular arrhythmias. In: Zipes DP, Jalife J (eds) Cardiac electrophysiology and arrhythmias. Grune & Stratton, London, pp 523-530

Costanzo-Nordin MR, O'Connell JB, Engelmeier RS, Morau JF, Scanlon PJ (1984) Ventricular tachycardia in dilated cardiomyopthy: a variable independent of hemodynamics, morphoplogy, and prognosis (Abstract). J Am Coll Cardiol 3:594

Coumel P, Leclercq JF, Dessertenne F (1984) Torsades de Pointes. In: Josephson ME, Wellens HJJ (eds) Tachycardias: mechanisms, diagnosis, treatment. Lea & Febiger, Philadelphia, pp 325-351

Deck K (1964) Änderung des Ruhepotentials und der Kabeleigenschaften von Purkinje-Fäden bei Dehnung. Pflügers Archiv 280:131-140

Dweedwania P, Cody R, Gradman A, Massie B, Packer M, Pitt B, Goldstein B (1988) Are patients with mild heart failure at risk of malignant ventricular arrhythmias and sudden death? J Am Coll Cardiol 11:72A (Abstract; for the Captopril-Digoxin Research Study)

Ertl G, Meesmann M, Krumpiegel K, Kochsiek K (1987) The effects of atrial fibrillation on coronary blood flow and performance of ischaemic myocardium in dogs with coronary artery stenosis. Clin Sci 73:437-444

Fisher JD, Kim SG, Waspe LE, Johnston DR (1986) Amiodarone: value of programmed electrical stimulation and holter monitoring. PACE 9:422-35

Fontaine G, Frank R, Grosgogeat Y (1982) Torsade de pointes: definition and management. Mod Concepts Cardiovasc Dis 51:103-108

Franciosa JA, Wilen M, Ziesche S, Cohn JN (1983) Survival in men with severe chronic left ventricular failure due to either coronary heart disease or idiopathic dilated cardiomyopathy. Am J Cardiol 51:831-836

Heusch G, Deussen A (1983) The effects of cardiac sympathetic nerve stimulation on perfusion of stenotic coronary arteries in the dog. Circ Res 53:8-15

Holmes J, Kubo S, Cody RD et al. (1985) Arrhythmias in ischemic and nonischemic dilated cardiomyopathy:prediction of mortality by ambulatory electrocardiography. Am J Cardiol 55:146-151

Horowitz LN, Greenspan AM, Spielman SR, Josephson ME (1981) Torsades de pointes: electrophysiologic studies in patients without transient pharamcologic or metabolic derangements. Circulation 63:1120-1127

Huang SK, Messer JV, Denes P (1983) Significance of ventricular tachycardia in idiopathic dilative cardiomyopathy: observations in 35 patients. Am J Cardiol 51:517-512

Jackman WM, Clark M, Friday KJ, Aliot EM, Anderson J, Lazzara R (1984) Ventricular tachyarrhythmias in the long QT syndromes. Med Clin North Am 68:1079-1087

Kaufmann R. Theophile U (1967) Automatie fördernde Dehnungseffekte an Purkinje-Fäden, Papillarmuskeln und Vorhoftrabekeln von Rhesus-Affen. Pflügers Arch 297:174-179

Khatri I, Uemura N, Notargiacomo A, Freis ED (1977) Direct and reflex cardiostimulating effects of hydralazine. Am J Cardiol 40:38-42

Kerrr WJ, Bender WL (1922) Paroxysmal ventricular fibrillation with cardiac recovery in a case of auricular fibrillation and complete heart block while under quinidine sulphate therapy. Heart 9:269-281

Kromer EP, Riegger AJG (1988) Effects of long-term angiotensin converting enzyme inhibition on myocardial hypertrophy in experimental aortic stenosis in the rat. Am J Cardiol 62:161-163

Leclerqc JF, Coumel P, Maisonblanche P, Cauchemez B, Zimmermann M, Chouty F, Slama R (1986) Mise en evidence des mecanismes determinants de la mort subite. Enquete cooperative portant sur 69 cas enregistres par la methode de Holter. Arch Mal Coeur 79:1024-1036

Lewis BH, Antman EM, Graboys TB (1983) Detailed analysis of 24 hour ambulatory electrocardiographic recordings during ventricular fibrillation or torsade de pointes. J Am Coll Cardiol 2:426-436

Lown B, Wolf M (1971) Approaches to sudden death from coronary heart disease. Circulation 44:130-136

Maskin CS, Siskind SJ, LeJemtel TH (1984) High prevalence of nonsustained ventricular tachycardia in severe congestive heart failure. Am Heart J 107:896-901

Meinertz T, Hofmann T, Kasper W, Treese N, Bechthold H, Stienen U, Pop T, Leitner ER von, Andresen D, Meyer J (1984) Significance of ventricular arrhythmias in idiopathic dilated cardiomyopathy. Am J Cardiol 53:902-907

Meinertz T, Treese N, Kasper W, Geibel A, Hofmann T, Zehender M, Bohn D, Pop T, Just H (1985) Determinants of prognosis in idiopathic dilated cardiomyopathy as determined by programmed electrical stimulation. Am J Cardiol 56:337-341

Miller J, Josephson ME (1988) Ventricular arrhythmias. In: Parmley WW, Chatterjee K (eds) Cardiology. Lippincott, Philadelphia, pp 1-17

Minardo JD, Heger JJ, Miles WM, Zipes DP, Prystowsky EN (1988) Clinical characteristics of patients with ventricular fibrillation during antiarrhythmic drug therapy. N Engl J Med 319:257-62

Morganroth J (1987) Risk factors for the development of of proarrhythmic events. Am J Cardiol 59:32E-47E

Morton JJ, East BW, Robertson I, Murray GD, Gillen G (1984) Captopril in heart failure. A double blind controlled trial. Br Heart J 52:530-535

Myerburg RJ, Castelanos A (1988) Cardiac arrest and sudden cardiac death. In: Braunwald E (ed) Heart disease. Saunders, Philadelphia, pp 742-777

Ohlshausen K von, Schäfer A, Mehmel HC, Schwarz F, Senges J, Kübler W (1984) Ventricular arrhythmias in idiopathic dilated cardiomyopathy. Br Heart J 107:195-201

Packer M (1985) Sudden unexpected death in patients with congestive heart failure: a second frontier. Circulation 72:681-685

Packer M, Medina N, Yushak M (1984) Hemodynamic and clinical limitations of long-term inotropic therapy with amrinone in patients with severe chronic heart failure. Circulation 70:1038-1043

Panidis IP, Morganroth J (1983) Sudden death in hospitalized patients: cardiac rhythm disturbances detected by ambulatory electrocardiographic monitoring. J Am Coll Cardiol 2:798-805

Pfeffer MA, Pfeffer JM (1987) Ventricular enlargement and reduced survival after myocardial infarction. Circulation 75:(Suppl IV) 93-97

Pfeffer JM, Pfeffer MA, Braunwald E (1985) Influence of chronic captopril therapy on the infarcted left ventricle in the rat. Circ Res 57:84–95

Pfeffer MA, Lamas GA, Vaughan DE, Parisi AF, Braunwald E (1988) Effect of captopril on progressive ventricular dilatation after anterior myocardial infarction. N Engl J Med 319:80–86

Podrid PJ, Lampert S, Graboys TB, Blatt CM, Lown B (1987) Aggravation of arrhythmia by antiarrhythmic drugs – incidence and predictors. Am J Cardiol 59:38E–44E

Poll DS, Marchlinski FE, Buxton AE, Doherty JU, Waxman HL, Josephson ME (1984) Sustained ventricular tachycardia in patients with idiopathic dilated cardiomyopathy: electrophysiologic testing and lack of response to antiarrhythmic drug therapy. Circulation 70:451–456

Reid JL, Whyte KF, Struthers AD (1986) Epinephrine-induced hypokalemia: the role of beta adrenoreceptors. Am J Cardiol 57:23F–27F

Reiter MJ, Synhorst DP, Mann DE (1988) Electrophysiological effects of acute ventricular dilatation in the isolated rabbit heart. Circ Res 62:554–562

Riegger GAJ, Kochsiek K (1986) Vasopressin, renin and norepinephrine levels before and after captopril administration in patients with congestive heart failure due to idiopathic dilated cardiomyopathy. Am J Cardiol 58:300–303

Roden DM, Woosley RL (1986) Flecainide. N Engl J Med 315:36–41

Schweitzer P, Mark H (1983) Delayed repolarization syndrome. Am J Med 75:393–401

Smith WM, Gallagher JJ (1980) „Les torsades de pointes": An unusual ventricular arrhythmia. Ann Int Med 93:578–584

Stevenson WG, Linssen GCM, Havenith MG, Brugada P, Wellens HJJ (1987) Late death after myocardial infarction: mechanisms, etiologies, and implications for prevention of sudden death. In: Brugada P, Wellens HJJ (eds) Cardiac arrhythmias: Where to go from here? Futura, New York, pp 377–389

Taggart P, Sutton PMI, Treasure T, Lab M, O'Brian W, Runnalls M, Swanton RH, Emanuel RW (1988) Monophasic action potentials at discontinuation of cardiopulmonary bypass: evidence for contraction-excitation feedback in man. Circulation 77:1266–1275

The Captopril-Digoxin Multicenter Research Group (1988) Comparative effects of therapy with captopril and digoxin in patients with mild to moderate heart failure. JAMA 259:539–544

The Consensus Trial Study Group (1987) Effects of enalapril on mortality in severe congestive heart failure. N Engl J Med 316:1429–1435

Unverferth DV, Magorien RD, Moeschberger ML, Baker PB, Fetters JK, Leier CV (1984) Factors influencing one-year mortality of dilated cardiomyopathy. Am J Cardiol 54:147–152

Webster MWI, Fitzpatrick MA, Nicholls MG, Ikram H, Wells JE (1985) Effect of enalapril on ventricular arrhythmias in congestive heart failure. Am J Cardiol 56:566–569

Wilson JR (1987) Use of antiarrhythmic drugs in patients with heart failure: clinical efficacy, hemodynamic results, and realtion to survival. Circulation 75:IV-64–IV-73

Wilson JR, Schwartz JS, Sutton MSJ, Ferraro N, Horowitz LN, Reichek N, Josephson ME (1983) Prognosis in severe heart failure: Relation to hemodynamic measurements and ventricular ectopic activity. J Am Coll Cardiol 2.403–410

Woosley RL, Echt DS, Roden DM (1986) Effects of congestive heart failure on the pharmacikenetics and pharmacodynamics of antiarrhythmic agents. Am J Cardiol 57:35B–33B

Zhu J, Haines DE, Lerman BB, DiMarco JP (1987) Predictors of efficacy of amiodarone and characteristics of recurrence of arrhythmia in patients with sustained ventricular tachycardia and coronary artery disease. Circulation 76:802–809

Sachverzeichnis